全国中等职业教育规划教材

供医药卫生及科技类院校相关专业使用

信息技术应用基础

XINXI JISHU YINGYONG JICHU

主　编　张伟建

副主编　程正兴　李　静　靳　鹏

编　者　（以姓氏笔画为序）

王雪筠　山东省电力学校

苏　翔　安徽省淮南卫生学校

李　静　广州医学院护理学院

张伟建　安徽省宿州卫生学校

姚寿昌　江西省赣州卫生学校

程正兴　安徽省淮南卫生学校

靳　鹏　山东省泰安卫生学校

蔡　进　湖北省三峡学院医学院

人民军医出版社

PEOPLE'S MILITARY MEDICAL PRESS

北　京

图书在版编目（CIP）数据

信息技术应用基础/张伟建主编 . —北京：人民军医出版社,2011.6
全国中等职业教育规划教材
ISBN 978-7-5091-4779-5

Ⅰ.①信…　Ⅱ.①张…　Ⅲ.①电子计算机-中等专业学校-教材　Ⅳ.①TP3

中国版本图书馆 CIP 数据核字（2011）第 102745 号

策划编辑:曾小珍　郝文娜　　文字编辑:王红芬　　责任审读:伦踪启
出 版 人:石　虹
出版发行:人民军医出版社　　　　　　　经销:新华书店
通信地址:北京市 100036 信箱 188 分箱　邮编:100036
质量反馈电话:(010)51927290;(010)51927283
邮购电话:(010)51927252
策划编辑电话:(010)51927300－8163
网址:www.pmmp.com.cn

印、装:三河市春园印刷有限公司
开本:787mm×1092mm　1/16
印张:13.25　字数:304 千字
版、印次:2011 年 6 月第 1 版第 1 次印刷
印数:0001－6000
定价:28.00 元

内容提要

  本书主要介绍了计算机基础知识、Windows XP 中文操作系统、Word 2003 文字处理软件、Excel 2003 电子表格软件、Power Point 2003 演示文稿的制作和因特网的应用,力求做到内容科学实用、难易适度,阐述上条理清晰,版面上图文并茂,既注重操作技能又强调理论基础,理论联系实际,适合教学,并兼顾方便学生自学。本书可供中等职业学校各专业"信息技术应用基础"课程教学使用,也可作为计算机初学者的自学以及计算机初级考试的培训教材。

前　言

本书以教育部 2009 年颁布的《中等职业学校计算机应用基础教学大纲》为依据，以培养各类中等职业人才为目标，从整体上把握教材的思想性、科学性、先进性、启发性和适用性。本书的主要特点是强调基础、注重实用、取材合理、深浅适度。在内容的采集与取舍上，力求做到有利于提高学生的科学文化素质，有利于提高学生的实践操作能力，有利于启发学生进一步学习，有利于发展学生的思维能力。

《信息技术应用基础》是各类中等职业学校学生一门必修的文化基础课。计算机技术在现代生活、社会生产、科学研究等各个领域中均有广泛的应用。学习《信息技术应用基础》这门课，对进一步提高学生的科学素养，增强学生的实践能力和创新意识，形成科学的世界观和价值观具有重要意义。掌握计算机知识和技能对帮助学生跟上信息时代步伐，适应现代社会生活，都具有非常积极的作用，本门课程的开设应为实现各类中等职业教育培养的总目标作出更多的贡献。

本书是为了适应当前中等职业学校教育教学改革的要求，采用任务驱动型模式编写的，主要内容包括计算机基础知识、Windows XP 中文操作系统、Word 2003 文字处理软件、Excel 2003 电子表格软件、Power Point 2003 演示文稿的制作、因特网的应用。

本书编写中，对每个任务都提出了具体要求；对任务中所涉及的知识和技能要点，进行了必要的分析讲解；上机操作是对学生布置的具体任务，要求学生通过学习和实验能够较好地完成；评价部分主要考虑评估大多数学生的学习情况；知识技能拓展则是在学生认识水平的基础上略有提高。以上这些方面，对教师的教与学生的学都留有一定弹性，既便于教师把握教学，又给学生提供了自主发挥的空间。

由于编者水平有限，书中如有不足或错漏之处，欢迎广大读者批评指正，以便今后进一步提高。

编　者

2011 年 3 月

目 录

第 *1* 章

计算机基础知识

　　电子计算机是人类在 20 世纪最伟大的发明之一,现已被广泛应用于社会生活的各个方面,正在成为人们学习、工作、生活中不能离开的工具。因此,学习和使用计算机在当今社会已变得非常重要。

　　本章通过介绍一些计算机的基础知识,让学生认识计算机的硬件系统和软件系统,并逐步了解计算机的工作原理。

1.1 任务一　了解计算机的发展与应用

1.1.1 任务目标展示

1. 了解计算机的发展状况,列举各发展阶段的主要特点。
2. 了解计算机的特点和分类。
3. 了解计算机在工作和生活中的主要应用。

1.1.2 知识要点解析

知识点 1　**计算机的发展阶段**

1946 年,世界上第一台电子计算机在美国宾夕法尼亚大学研制成功,名为 ENIAC(埃尼阿克,图 1.1),它标志着人类计算机时代的开始。

图 1.1　第一台电子计算机 ENIAC

自第一台电子计算机诞生以来,计算机技术迅速发展,根据构成计算机的核心电子元器件的进步,可将计算机发展历程划分为 4 个阶段(表 1.1)。

表 1.1　计算机的发展阶段

发展阶段	电子元器件	软件	应用领域
第一代(1946—1958)	电子管	机器语言、汇编语言	科学计算
第二代(1958—1965)	晶体管	高级语言、批处理系统	数据处理、事务处理
第三代(1965—1971)	中、小规模集成电路	操作系统、会话式语言	企业管理、自动控制、辅助设计、辅助制造
第四代(1971 年至今)	大规模、超大规模集成电路	数据库管理系统、网络操作系统	办公自动化、图像识别、人工智能、专家系统等社会的各领域

1971 年,因特尔(Intel)公司制成了第一代微处理器 4004,在之后的 20 年间,微处理器从第一代迅速发展到第五代。微处理器和超大规模集成电路技术的进步发展,使得当今计算机的性能得以不断地提高。计算机正在朝着巨型化、微型化、网络化、智能化和多功能化的方向发展。计算机技术是现代科技中发展最快的领域,正在研究的第五代计算机是一种非冯·诺依曼型计算机,它采用全新的工作原理和体系结构。

☆ 链接　**世界上运算速度最快的计算机**

　　处于信息技术前沿的超级计算机一直是一个国家的重要战略资源,对国家安全、经济和社会发展具有举足轻重的意义。我国在此领域中取得了突破性的进展,2010年 11 月,我国自主研制的"天河一号"二期系统成为世界上运算速度最快的超级计算机,运算峰值速度为每秒 4 700 万亿次。

知识点 2　计算机的主要特点

现在使用的计算机,其基本工作原理是存储程序和程序控制。这个原理是由被称为"计算机之父"的美籍匈牙利数学家冯·诺依曼提出的。其主要内容为:①在计算机内部,程序和数据以二进制代码形式表示。②计算机由控制器、运算器、存储器、输入设备、输出设备五大部分组成。③程序和数据存放在存储器中(即程序存储的概念)。计算机执行程序时,无须人工干预,能自动、连续地执行程序,并得到预期的结果。

计算机具有以下几个特点:

1. 运算速度快

目前最快的超级计算机每秒能进行数千万亿次运算。

2. 计算精度高

电子计算机的计算精度在理论上不受限制,一般的计算机均能达到 15 位有效数字,通过一定的技术手段,可以实现任何精度要求。例如对圆周率的计算,使用双核计算机 2min 就可算到小数点后 200 万位以上。

3. 具有记忆和逻辑判断功能

计算机的存储设备可把原始数据、中间结果、计算结果等信息存储起来供再次使用。计算机不仅能进行算术运算，还能进行逻辑运算，作出逻辑判断，并能根据判断的结果自动选择以后执行的操作。

4. 具有自动执行功能

程序和数据事先存储在计算机中，一旦向计算机发出运行指令，计算机就能在程序的控制下，自动按事先规定的步骤执行，直到完成指定的任务为止。

知识点 3　计算机的分类

计算机的分类方法较多，常见的是按照计算机的规模划分，可将计算机分为巨型机（也称超级计算机）、大型机、小型机、微型计算机和单片机。

微型计算机又称个人计算机（personal computer，简称 PC），俗称电脑。世界上第一台个人计算机由 IBM 公司于 1981 年推出。个人计算机有台式机、笔记本电脑等几种形式。

知识点 4　计算机的主要应用领域

计算机的应用已渗透到社会生产和生活的各个方面，其主要应用领域可概括为以下几个方面。

1. 科学计算

科学计算也称数值计算，主要解决科学研究和工程技术中提出的数值计算问题。这是计算机最初的也是最重要的应用领域。如天气预报、石油勘探、航天科技、核试验模拟等领域都离不开高性能计算机的科学计算。

2. 数据处理

数据处理是指对大量的数据进行加工处理，如收集、存储、传送、分类、检测、排序、统计和输出等。例如银行的往来账目管理、人口普查、学生学籍管理等。

3. 过程控制

过程控制又称实时控制，是计算机实时采集系统数据，并利用编制好的控制流程快速地处理并自动地控制系统对象的过程。如工业流程控制、航空导航、火箭发射等。

4. 计算机辅助系统

包括计算机辅助设计（CAD）、计算机辅助制造（CAM）和计算机辅助教学（CAI）等。

5. 人工智能

人工智能是指用计算机模拟人类的演绎推理和决策等智能活动。如专家系统可模拟医学专家的诊断过程，模式识别可通过计算机识别和处理声音、图形、图像等。

6. 计算机网络

计算机网络技术是计算机技术和通讯技术结合的产物。随着 Internet 的快速发展，不仅解决了不同地区的计算机与计算机之间的通讯及各种软、硬件资源的共享问题，也大大促进了国际间的文字、图像、视频和声音等各类数据的传输与处理。网络彻底改变了人们获取信息的方式，它对人们的生产和生活方式产生了革命性的影响。

1.2　任务二　认识计算机系统

1.2.1　任务目标展示

1. 熟悉计算机硬件系统与软件系统的组成。

2. 了解计算机主要部件及其作用。

3. 了解存储设备内存、外存(硬盘、光驱、U 盘)的功能和使用方法。

4. 了解输入/输出设备(键盘、鼠标、显示器、打印机等)的功能,会正确地连接和使用这些设备。

1.2.2 知识要点解析

如图 1.2 所示,一个完整的计算机系统由硬件系统和软件系统两大部分组成。两者相互依存,缺一不可。

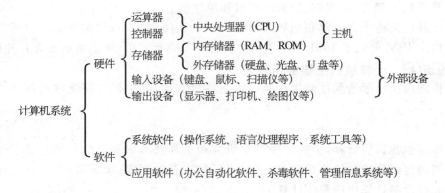

图 1.2　计算机系统的组成

知识点 1　**计算机的硬件系统**

普通用户最常用的计算机是微型计算机,也称 PC 机、电脑。常见的有台式机和笔记本两种类型。图 1.3 为一个最基本配置的台式机。

图 1.3　微机外观

1. 主机

打开主机箱盖板,可看见主机箱内部的情况,如图 1.4 所示。

图 1.4 主机箱内部结构

（1）主板:机箱内部主要包括主板、CPU、内存条、硬盘、光盘驱动器、显卡、声卡、电源等。可以看出主机中最主要的部件基本都集中在主板上或通过数据线与主板相连。主板实际上是一个集成的电路板,上面有多种插孔,用来连接各种硬件设备,主板上还有多个集成电路芯片(如北桥芯片、南桥芯片等),用来控制并协调各个配件之间进行有条不紊地工作。主板的结构如图 1.5 所示。

图 1.5 主板的结构

☆ 链接　**总线**

　　总线(Bus)是计算机各种功能部件之间传送信息的公共通信干线。按照计算机所传输的信息种类,计算机的总线可以划分为数据总线、地址总线和控制总线,分别用来传输数据、数据地址和控制信号。总线是一种内部电路结构,它是 CPU、内存、输入、输出设备传递信息的公用通道,主机的各个部件通过总线相连接,外部设备通过相应的接口电路再与总线相连接,从而组成了计算机的硬件系统。

　　①PCI 插槽:是一种基于 PCI 局部总线的扩展插槽,它是主板的主要扩展插槽,可插入声卡、网卡、显卡等设备。

　　②PCIE 插槽:PCI-Express 是最新的总线和接口标准,这个新标准将全面取代现行的 PCI 和 AGP,最终实现总线标准的统一。它的主要优势就是数据传输速度高。

　　③IDE 接口:是一种硬盘或光盘驱动器的接口类型。用来连接硬盘或光驱的数据线。

　　④SATA 接口:SATA 接口是一种新型的串口接口类型,具有更高的数据传输速度和更强的纠错能力。目前市场上大部分硬盘都开始使用 SATA 接口。

　　⑤内存插槽:主板上一般有 2~4 个内存插槽,用来插接内存条。

　　⑥CMOS 电池:主板上有一个 BIOS(基本输入输出系统)芯片,内有系统自检引导程序,并能对电脑硬件的参数进行一些基本设置(BIOS Setup 程序),设置值保存在一个可读写的 CMOS 芯片中,开机时由主板供电,关机时则由 CMOS 电池进行供电保持。

　　⑦外设接口:主板上有一些外部设备接口,如键盘鼠标接口、USB 接口、网卡接口、音频接口、串行接口、并行接口等。计算机上很多接口、插槽都具有防呆设计,防止插错。有些接口具有颜色标示,如 PS/2 鼠标接口为绿色,PS/2 键盘接口为紫色,符合颜色规范的音频接口中蓝色为 Speaker 接口,红色为麦克风接口,绿色为 Line-in 音频输入接口。如图 1.6 所示。

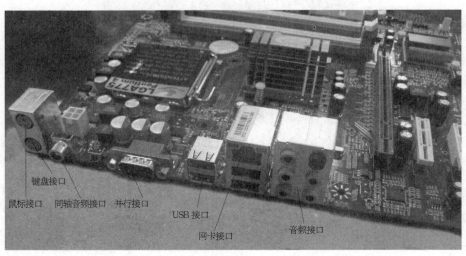

图 1.6　主板上的外部设备接口

（2）CPU：CPU（central processing unit，中央处理器）主要由运算器和控制器组成，是计算机的核心。它的性能在很大程度上决定了计算机的性能。当今生产 CPU 比较优秀的是 Inter 和 AMD 两大厂商，各自都推出了自己的双核心处理器产品，同时市场上也出现了少量的四核心处理器。图 1.7 所示的是一个 Inter 公司生产的采用 45 纳米工艺的四核 CPU（型号为 INTER CORE i7-975 3.33GHZ）。

图 1.7　CPU

（3）内存：内存储器简称为内存，是计算机运行时存储程序和数据的地方，它能与 CPU 直接交换数据。内存一般采用半导体存储单元，包括随机存储器（RAM）、只读存储器（ROM）和高速缓存（Cache）。

①ROM（read only memory）：ROM 中的信息只能读出，一般不能写入，即使机器掉电，这些信息也不会丢失。ROM 中的信息是在制作 ROM 的时候就被存入并永久保存。ROM 一般用于存放计算机的最基本程序和数据，容量较小。如 BIOS 芯片。

②RAM（random access memory）：RAM 中的数据既可读出，也可以写入改变，当机器掉电时，其中的信息将会丢失，即使再接通电源，信息也不可恢复。内存条就是将 RAM 集成块集中在一起的条形电路板，可插入主板上的内存插槽中。

目前市场上主要有 DDR2 和 DDR3 等类型的产品，家用电脑的内存条容量大都在 1～4GB。如图 1.8 所示。

图 1.8　内存条

③Cache：Cache 位于 CPU 与 RAM 内存之间，是一个读写速度比 RAM 更快的存储器，以提高系统的工作效率。出于成本考虑，Cache 的容量一般较小。

2. 外部设备

（1）外部存储器：简称为外存，是与内存相比较而言的。计算机执行程序和加工处理数据时，外存中信息要先送入内存后才能由 CPU 处理使用，计算机最终处理的结果也必须放入外存中长期保存。根据存储介质的不同，可将外存分为硬盘、光盘、U 盘等。

①硬盘：硬盘是计算机中重要的存储设备，用于存放一些永久性的数据，用户几乎所有的数据和资料都存储在硬盘中。硬盘的主要特点是存储容量大，存取速度比内存慢。硬盘是一种精密度极高的部件，在工作时内部的盘片高速转动，此时禁止振动，否则易损坏硬盘。

目前市场上家用电脑的硬盘容量大都在 500GB 左右。硬盘的外观及内部结构如图 1.9 所示。

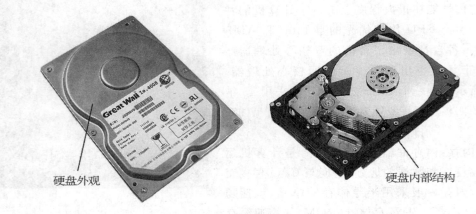

硬盘外观   硬盘内部结构

图 1.9 硬盘

②光盘驱动器和光盘：光盘驱动器简称光驱，采用激光扫描的方法从光盘上读取信息。如图 1.10 所示，光盘是存储数据的介质，按照记录数据的格式，可分为 CD 系列、DVD 系列、蓝光盘（BD）和 HD-DVD 等；按照读写方式，可分为只读式、一次性写入多次读出式、可读写式。

③U 盘：U 盘即 USB 盘的简称，也称"优盘"。它是基于 USB 接口采用闪存（flash memory）介质的新一代存储产品，故也称"闪盘"。U 盘具有存储容量大、体积小、即插即用、可靠性好、无需驱动程序（Windows2000 之后）等特点。如图 1.11 所示，U 盘已经取代了 3.5 英寸软盘，成为最常用的移动存储设备。

图 1.10 光盘驱动器和光盘   **图 1.11 U 盘**

（2）输入设备：是指将外部信息转变为数据输入到计算机内部的设备。常见的输入设备有键盘、鼠标、扫描仪、麦克风、触摸屏、手写板等。

①键盘（keyboard）：是计算机的标准输入设备，它是由一组开关矩阵组成的，包括数字键、字母键、符号键、功能键、控制键等。目前普遍使用的是标准的 104 键键盘，另外还有 101 键和 107 键的键盘。每一个按键在计算机中都有它的惟一代码，当按下某个键时，键盘接口将该键的二进制代码送入计算机的主机中。键盘的使用方法见本章任务五。

②鼠标(mouse)：是计算机中重要的输入设备，主要应用于图形界面系统，可以非常方便、灵活、快速地去选取或执行某个操作，因其样子像小老鼠拖着一个长长的尾巴，如图 1.12 所示，故取名"鼠标"。目前使用较广的是 PS/2 接口或 USB 接口的鼠标。从外形上分主要有两键鼠标、三键滚轮鼠标、无线鼠标及笔记本电脑上常用的滚轴鼠标和感应鼠标等。

图 1.12　鼠标

（3）输出设备：指将计算机处理的结果用人所能识别的形式（数字、字符、图像、声音等）表示出来的设备。常见的输出设备有显示器、打印机、绘图仪、音箱等。

①显卡和显示器：显示器是计算机的标准输出设备，在计算机与显示器之间需要通过显示适配器（俗称显卡）进行连接。

显卡的主要作用是控制电脑的图形输出，主要负责将 CPU 送来的影像数据经过处理后，转换成数字信号或模拟信号，再将其传送到显示器上。显卡分为独立显卡和主板集成显卡两种。独立显卡需插在主板的 AGP 或 PCIE 插槽中，目前使用的显卡都带有 3D 画面运算和图形加速功能，也称为"图形加速卡"或"3D 加速卡"，如图 1.13 所示。有些主板在北桥芯片中集成有显卡功能，可满足对显示性能要求不太高的普通用户使用。

图 1.13　显卡

显示器主要分为阴极射线管显示器（CRT）和液晶显示器（LCD）两种。CRT 显示器的外形与电视机类似，工作原理也相同，主要是依靠电子枪发出的电子束击中光敏材料（荧光屏），刺激荧光粉发光从而产生图像。LCD 显示器主要是利用液晶的电光效应，通过电路控制液晶单元的透射率及反射率，从而产生色彩靓丽的图像。与 CRT 显示器相比，LCD 显示器具有体积小、厚度薄、重量轻、辐射低、耗能少、无闪烁等优点，目前已取代 CRT 显示器，成为标准配置。常见的显示器产品以 17 英寸和 19 英寸为主，此外还有更大的 20 英寸、21 英寸等。

②打印机：打印机的主要作用是将计算机编辑的文字、表格、图形等信息打印在纸张上，以方便用户查看。如图1.14所示，根据打印机工作原理的不同，可将打印机分为针式打印机、喷墨打印机和激光打印机3种。

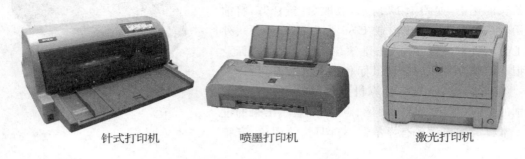

针式打印机   喷墨打印机   激光打印机

图1.14　打印机

知识点2　计算机的软件系统

软件指的是运行在计算机硬件上的一些程序及其相关的文档。软件和硬件同样重要，两者缺一不可。只有硬件没有软件的计算机称为"裸机"，是不能运行的。计算机的软件包括系统软件和应用软件两大类。

1. 系统软件

系统软件是指为了方便用户操作、管理和维护计算机系统而设计的一种软件，主要包括操作系统、语言处理程序和服务性程序等。

（1）操作系统（OS）：是一组运行在计算机上的程序的集合。它的作用是管理计算机的硬件和软件资源，并提供用户使用计算机的接口。操作系统的功能一般包括处理器管理、存储管理、文件管理、设备管理和作业管理等。常见的操作系统有Dos，Windows，Linux，UNIX等。目前，微型计算机中常用的操作系统有Windows XP系统、Windows Vista系统和Windows 7系统等。

> ☆ **链接　Windows 7的新特点**
>
> **更易用**　Windows 7做了许多方便用户的设计，如快速最大化，窗口半屏显示，跳跃列表，系统故障快速修复等。
>
> **更快速**　Windows 7大幅缩减了Windows的启动速度。
>
> **更简单**　Windows 7让搜索和使用信息更加简单，包括本地、网络和互联网搜索功能，直观的用户体验将更加高级，还会整合自动化应用程序提交和交叉程序数据透明性。
>
> **更安全**　Windows 7的桌面和开始菜单包括改进了的安全和功能合法性，还会把数据保护和管理扩展到外围设备。Windows 7还改进了基于角色的计算方案和用户账户管理。

（2）语言处理程序：程序是完成指定任务的有限条指令的集合，每一条指令都对应于计算机的一种基本操作。计算机的工作就是识别并按照程序的规定执行这些指令。计算机语言(也称程序设计语言)就是实现人与计算机交流的语言。计算机语言的发展经过了3个阶段。

①机器语言:是计算机的CPU能直接识别和执行的语言,它是用二进制代码表示的机器指令的集合。机器语言是面向具体机器的,不同型号的CPU所对应的机器语言也是不同的。早期的计算机程序大都用机器语言编写。机器语言学习困难,程序的通用性差,编写程序枯燥烦琐,容易出错且难以修改。

②汇编语言:是符号化的机器语言,使用符号来表示二进制的机器语言,如用ADD表示加法。用汇编语言编写的程序称为"汇编语言源程序",它不能直接被机器识别,必须用一套相应的语言处理程序将它翻译为机器语言后,才能使计算机接受并执行。这种语言处理程序称为"汇编程序",译出的机器语言程序称为"目标程序",翻译的过程称为"汇编"。汇编语言的特点是容易记忆、便于阅读和书写,克服了机器语言的缺点,但仍与具体的机型有关。

③高级语言:是一种易学、易懂和易书写的语言,是同自然语言和数学语言比较接近的计算机程序设计语言。高级语言是面向问题的,对问题的描述不依赖于具体的机器。用高级语言编制的程序称为"源程序",也不能直接在计算机上运行,必须将其翻译成机器语言程序才能为计算机所理解并执行。每一种高级语言都有自己的语言处理程序,将高级语言编写的程序翻译成机器语言程序,根据翻译的方式不同,其翻译过程有编译和解释两种方式。

编译:是将用高级语言编写的源程序整个翻译成目标程序,然后将目标程序交给计算机运行,编译过程由计算机执行编译程序自动完成,如C语言、Pascal语言、Fortran语言。

解释:是对用高级语言编写的源程序逐句进行分析,边解释边执行并立即得到运行结果。解释过程由计算机执行解释程序自动完成,但不产生目标程序,如BASIC语言。

目前比较流行的高级语言有Visual Basic(VB),Fortran、Delphi(可视化Pascal),C,C++,Visual C++,Java等。

(3)系统工具:是一类辅助性程序,主要是一些用于计算机的调试、故障检查或诊断、程序纠错等程序。主要有工具软件、编辑软件、软件测试和诊断程序等。

2. 应用软件

应用软件是指为解决某一领域的具体问题而编写的软件。它往往是针对某领域的需求而编写的,如办公软件、管理软件、图像处理软件、游戏娱乐软件、通信软件、杀毒软件等。

1.2.3 学生上机操作1

上机操作并掌握计算机开机与关机的正确方法。

1. 开机　开机分为冷启动和热启动。

(1)冷启动:也叫加电启动,指计算机从关机状态进入工作状态时的启动。

首先,打开显示器电源;然后,按下主机电源开关,显示器上开始显示系统启动画面。

(2)热启动:是指在开机状态下,重新启动计算机(一般用于系统故障或操作不当,需要重新启动计算机)。

方法一:打开"开始"菜单,选择"关闭计算机",从弹出的对话框中指向"重新启动"按钮,单击即可重新启动计算机。

方法二:或者按下主机箱上的"Reset"键,这时计算机将会重新启动。

2. 关机　首先关闭任务栏上所有运行中的程序;再打开"开始"菜单,选择"关闭计算机",从弹出的对话框中单击"关闭"按钮;然后关闭显示器电源。

1.2.4 学生上机操作 2

打开计算机后,我们如何查看当前计算机的硬件参数呢? 我们不妨通过下面介绍的两种方法来快速地了解。

1. 通过"设备管理器"查看硬件参数

在桌面上右击"我的电脑",在快捷菜单中单击"属性",系统弹出"系统属性"对话框,在"常规"选项卡中可以看到本计算机的一些基本参数,如使用的操作系统类型及版本,CPU类型、内存大小等;在"硬件"选项卡中单击"设备管理器"按钮,打开"设备管理器"窗口(图1.15),从中可查看计算机中硬件设备的类型与参数。

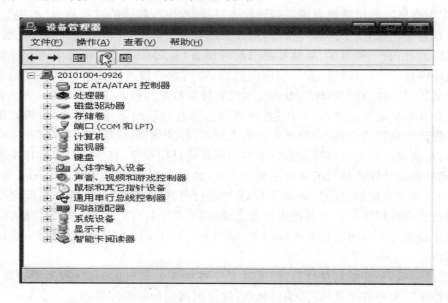

图 1.15　设备管理器窗口

2. 利用 DirectX 诊断工具查看硬件参数

在开始菜单中选择"运行",输入"dxdiag"命令,按回车键,打开"DirectX 诊断工具"对话框,如图 1.16 所示。"系统"选项卡中的"系统信息"显示了本机的基本信息,通过其他选项卡还可查看显卡、声卡等信息。

请学生利用前面介绍的方法,查看自己计算机的硬件参数,填写到下表中。

操作系统		显示器	
CPU		声卡	
内存		网卡	
显卡		硬盘	

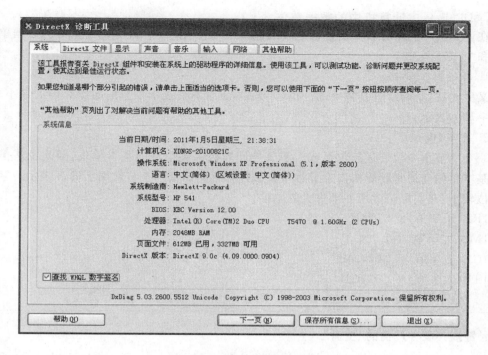

图 1.16　DirectX 诊断工具

1.2.5　知识技能拓展

你还有其他的方法来查看计算机的硬件参数吗？请查阅资料,并试一试。

1.3 任务三　了解数据和信息在计算机中的表示

1.3.1　任务目标展示

1. 了解计算机中的数据单位,能根据数据存储单位区分存储空间的大小。
2. 了解 ASCⅡ码和汉字编码。

1.3.2　知识要点解析

数据是人类能够识别或计算机能够处理的某种符号的集合,包括数字、文字、声音、图像等。经过加工处理后用于人们制定决策或具体应用的数据称作信息。信息的表示有两种形态:一种是人类可识别和理解的信息形态;一种是计算机能够识别和理解的信息形态。在计算机中,信息的表示依赖于计算机内部的电子元器件的状态,而电子元器件大多都有两种稳定的工作状态,可以很方便地用来表示“0”和“1”,因而在计算机内部采用“0”和“1”表示的二进制数。这就要求通过输入设备输入到计算机中的任何信息,都必须转换成二进制数的表示形式,才能被计算机硬件所识别。

知识点 1　计算机中的数据单位

在计算机中的所有数据信息都是以二进制形式表示的。在计算机中基本的数据单位有"位"和"字节"两种。

1. 二进制位(bit)

又称比特,是指二进制数中的一位(0 或 1),是计算机表示信息的数据编码的最小单位,常用字母 b 表示。

2. 字节(Byte)

一个字节由 8 位二进制位组成。字节是计算机存储信息的基本单位,因此也是信息数据的基本单位。通常计算机以字节为单位来计算存储容量。字节常用字母 B 表示。字节这个单位较小,在实际中常用如下更大的单位:

1KB(千字节)＝1 024B

1MB(兆字节)＝1 024kB

1GB(吉字节)＝1 024MB

1TB(太字节)＝1 024GB

> ☆ 链接　硬件厂商的"伎俩"
>
> 　　电脑硬件厂商计算数据单位时,近似地认为 1KB＝1 000B,1MB＝1 000KB,1GB＝1 000MB,日常生活中我们也习惯取这个近似值,所以当你把一块电脑硬件厂商标称容量为 40GB 的硬盘安装到电脑上后,你却会发现在 Windows 中显示的容量仅有 37GB 多一点,这其实就是它的实际容量。

知识点 2　认识 ASCⅡ码和汉字编码

1. ASCⅡ码

由于计算机中的各种信息都是使用二进制数来表示的,因此,人们规定使用二进制数码来表示字母、数字以及专门符号的编码,称为字符编码。在微型计算机中普遍采用 ASCⅡ码(American Standard Code for Information Interchange,美国信息交换标准代码),该编码被国际标准化组织所采纳,作为国际上通用的信息交换代码。

ASCⅡ码由 7 位二进制数组成,能够表示 128 个字符数据,如表 1.2 所示。

表 1.2　ASCⅡ码表 ($b_6 b_5 b_4 b_3 b_2 b_1 b_0$)

$b_3 b_2 b_1 b_0$ ＼ $b_6 b_5 b_4$	000	001	010	011	100	101	110	111
0000	NUL 空白	DLE 转义	空格	0	@	P	、	p
0001	SOH 序始	DC1 机控 1	!	1	A	Q	a	q
0010	STX 文始	DC2 机控 2	"	2	B	R	b	r
0011	ETX 文终	DC3 机控 3	#	3	C	S	c	s
0100	EOT 送毕	DC4 机控 4	$	4	D	T	d	t

b₃b₂b₁b₀ \ b₆b₅b₄	000	001	010	011	100	101	110	111
0101	ENQ 询问	NAK 否认	%	5	E	U	e	u
0110	ACK 承认	SYN 同步	&	6	F	V	f	v
0111	BEL 告警	ETB 组终	'	7	G	W	g	w
1000	BS 退格	CAN 取消	(	8	H	X	h	x
1001	HT 横表	EM 载终	)	9	I	Y	i	y
1010	LF 换行	SUB 取代	*	:	J	Z	j	z
1011	VT 纵表	ESC 扩展	+	;	K	[	k	{
1100	FF 换页	FS 卷隙	,	<	L	\	l	|
1101	CR 回车	GS 群隙	-	=	M	]	m	}
1110	SO 移出	RS 录隙	.	>	N	^	n	~
1111	SI 移入	US 无隙	/	?	O	_	o	DEL

第 1 章 计算机基础知识

我们可以很容易看出 ASCⅡ码具有以下特点：

（1）表中前 32 个字符和最后一个字符为控制字符，在通讯中起控制作用。

（2）10 个数字字符和 26 个英文字母由小到大排列，且数字在前，大写字母次之，小写字母在最后，这一特点可用于字符数据的大小比较。

（3）在英文字母中，"A"的 ASCⅡ码值为 65，"a"的 ASCⅡ码值为 97，且由小到大依次排列。因此，只要我们知道了"A"和"a"的 ASCⅡ码，也就知道了其他字母的 ASCⅡ码。

ASCⅡ码是 7 位编码，为了便于处理，我们在 ASCⅡ码的最高位前增加一位 0，凑成 8 位的一个字节，所以，一个字节可存储一个 ASCⅡ码字符。

2. 汉字编码

计算机在处理中文信息时，也需要对汉字进行编码。通常，汉字编码有国标码和机内码两种。

（1）国标码（GB2312）：1981 年，我国颁布了《信息交换用汉字编码字符集·基本集》（GB2312-80）。它是汉字交换码的国家标准，简称为国标码。该标准收入了 6 763 个常用汉字（其中一级汉字 3 755 个，二级汉字 3 008 个），以及英、俄、日文字母与其他符号 687 个。

国标码规定，每个字符由一个 2 字节代码组成，每个字节的最高位恒为"0"，其余 7 位用于组成各种不同的码值。如汉字"大"的国标码为"00110100 01110011"。

（2）机内码：汉字机内码是指在计算机内部存储、处理、传输汉字用的代码，又称内码。

计算机既要处理汉字，也要处理西文。由于国标码每个字节的最高位都是"0"，与国际通用的 ASCⅡ码无法区别，因此，必须经过某种变换后才能在计算机中使用，英文字符的机内代码是 7 位的 ASCⅡ码，最高位为"0"，因而将汉字国标码两个字节的最高位由"0"改为"1"，这就形成了汉字的机内码。如汉字"大"的机内码为"10110100 11110011"。

1.4 任务四　计算机系统的安全使用知识

随着计算机技术及通信技术的飞速发展,计算机的使用已越来越普及,社会也进入了信息时代,我们对计算机的依赖越来越大。但计算机在给我们的工作、学习及生活等诸多方面带来方便的同时,也给我们带来了新的挑战,那就是如何保障我们在计算机中保存的那些重要数据的安全。

1.4.1 任务目标展示

1. 了解信息安全的基础知识,使学生具有信息安全意识。
2. 了解计算机病毒的概念和防治方法,具有对计算机病毒的防范意识。

1.4.2 知识要点解析

知识点 1　引发数据安全问题的主要原因

引发数据安全问题的原因是多方面的,归纳起来主要有以下两个方面。

1. 物理的原因

如供电故障、硬件损坏、火灾、水灾、雷电袭击,以及其他自然灾害等。

2. 人为的原因

如粗心大意的误操作、计算机病毒的破坏、黑客的入侵,以及计算机网络犯罪等。

知识点 2　计算机病毒与防治

计算机病毒,是人为制造的、能自我复制的、并能对计算机的信息资源和正常运行造成危害的一种程序。计算机病毒具有破坏性、隐蔽性、传染性、潜伏性、激发性,它的活动方式与微生物学中的病毒类似,故被形象地称为计算机病毒。

1. 计算机病毒的分类

计算机病毒的分类方法较多,按传染对象来分,病毒可划分为以下几类。

(1)引导型病毒:主要攻击磁盘的引导扇区,这样它可在系统启动时获得优先的执行权,从而控制整个计算机系统。

(2)文件型病毒:这类病毒感染指定类型的文件(如 com,exe 等),当这些文件被执行时,病毒程序就跟着被执行。

(3)宏病毒:是利用高级程序设计语言——宏或 Visual Basic 等语言编制的病毒程序,宏病毒仅向 Word,Excel 和 Access 编制的文档进行传染,而不会传染可执行文件。

(4)网络型病毒:计算机网络发展很快,而计算机病毒制造者也开始尝试让病毒和网络紧密地结合在一起,形成传播速度更快、危害性更大的计算机网络病毒。如特洛伊木马、蠕虫病毒和黑客型病毒均属于这类病毒。

(5)混合型病毒:早期是指兼具引导型病毒、文件型病毒及宏病毒 3 种特性的一类病毒。随着网络病毒的发展,新型混合型病毒定义是集黑客程序、木马、蠕虫等网络病毒特征于一体的混合型恶意代码。新型网络病毒、混合病毒具有更强的破坏力!

2. 计算机病毒的危害

(1)破坏系统和数据:大部分病毒在发作时,可以直接破坏计算机的重要信息。如格式化硬盘、删除重要文件、用无用的"垃圾"数据改写文件、改写 BIOS 等。

（2）耗费资源：病毒程序本身要非法占用一部分磁盘空间，病毒还可以耗费大量的 CPU 和内存资源，造成计算机运行效率大幅度降低，或使计算机毫无反应，处于"死机"状态。

（3）破坏功能：病毒程序可以造成计算机不能正常地列出文件清单，封锁其打印功能，或是自动运行一些软件，自动启动外部设备等。病毒还会让黑客对中毒的计算机进行远程控制，如启动摄像头进行偷拍等。

3．预防计算机病毒

避免计算机病毒的侵害，重在预防。预防计算机病毒，是指在病毒尚未入侵或企图入侵时，通过拦截、阻止等方式拒绝病毒的入侵操作。为有效地预防计算机病毒的入侵，需要注意以下几点。

（1）在机器上正确安装病毒防火墙和查、杀病毒软件，并开启杀毒软件的实时监控功能。目前，绝大部分杀毒软件实时监控功能安装后默认自动开启。常用的杀毒软件有瑞星、卡巴斯基、诺顿、金山毒霸、360 安全卫士等。

（2）不要轻易使用来历不明的各种软件；不要打开、运行来历不明的 E-mail 附件，尤其是在邮件主题中以诱惑的文字建议我们执行的邮件附件程序。

（3）定期使用杀毒软件扫描系统，及时升级杀毒软件，确保所使用的查、杀病毒软件的扫描引擎和病毒代码库为最新的。

（4）对重要数据文件要有备份。

（5）及时安装系统漏洞的补丁程序。

（6）上网时不浏览不安全的陌生网站，不从陌生网站下载软件。

1.4.3 学生上机操作

1. 查看自己计算机上所安装的杀毒软件的名称。

2. 杀毒软件的病毒数据库是否是最新的？如不是，请上网升级数据库。

3. 请用杀毒软件查杀本机的"系统内存"和"引导区"是否有病毒。

1.5 任务五 认识鼠标和键盘

1.5.1 任务目标展示

1. 能熟练地使用鼠标进行操作。

2. 了解键盘键位及功能，会正确使用键盘录入字符。

1.5.2 知识要点解析

知识点 1 鼠标的结构与基本操作

鼠标是计算机最常用的输入设备之一，它的使用使得计算机的操作更加简便。目前使用较多的是三键滚轮鼠标。大多数人用右手握鼠标，示指和中指轻放在鼠标的左键和右键上。在图形用户界面中，当我们移动鼠标时，会发现屏幕上有一个箭头指针随着移动，这就是鼠标指针或鼠标光标。随着指向目标的不同，指针的形状也会改变，以表示不同的含义。使用鼠标操作电脑，可以代替键盘上的多种繁琐的指令，以完成不同的功能。例如，在编辑文本时，使用鼠标可以方便地选定文本和执行各种命令；在浏览网页时，用手指拨动滚轮，即可上下翻动页面,非常方便。

利用鼠标可以进行如下的操作。

指向:移动鼠标,鼠标指针指向屏幕上的某个目标。

单击:按下鼠标左键并很快松开,通常用来选择某个目标。

双击:快速而连续地按动 2 次鼠标左键,通常用来打开或运行选定的目标。

右击:按下鼠标右键并很快松开,通常用于打开指向对象的快捷菜单,用户可以在弹出的快捷菜单中执行所需的命令。

拖动:按住鼠标左键不放,将鼠标指针移动到另一个位置后松开,通常用于在桌面上或在窗口中移动所选目标。

1.5.3 学生上机操作

通过 Windows 系统所附带的纸牌游戏,练习鼠标的基本操作。

1. 单击"开始"→"程序"→"游戏"→"纸牌",在桌面上就会打开"纸牌"窗口。

2. 了解游戏规则:在"纸牌"窗口中,单击"帮助"→"目录",打开纸牌帮助系统,查看纸牌游戏规则。

3. 开始纸牌游戏,通过游戏来掌握鼠标的基本操作。

知识点 2　　键盘的结构与基本操作

键盘的结构

键盘是用户与计算机进行交流的主要工具,是微型计算机中最基本、最重要、必不可少的输入设备。

图 1.17 所示,常用的微型机键盘有 101 键盘、104 键盘、107 键盘等,最常见的是 104 键的标准键盘。键盘一般划分为 4 个区,它们分别是功能键区、打字键区(主键盘区)、编辑键区、数字小键盘区(辅助键区)。

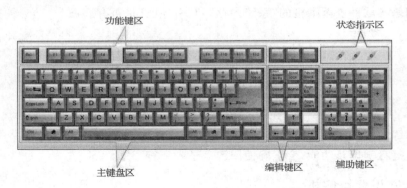

图 1.17　键盘的结构

键盘上各按键符号及功能如表 1.3 所示。

表 1.3 键盘上主要键符的功能与操作

键区	键符名称	功能与操作
打字键区	字母键	字母键上印着对应的英文字母
	数字键	数字键的下档为数字,上档字符为符号
	Tab	制表键,用于移动定义的制表符长度
	Caps Lock	大小写字母锁定键,对于字母键,每按一下此键,再输入的字母将在大小写之间切换
	Shift	上档键,打字键区的数字键上都有上下两个字符。使用上档键配合,输入该键的上档字符。操作方法是先按住本键不放,再按具有上档符号的键,则输入该键的上档字符
	Ctrl	控制键,主要用于与其他键组合在一起操作,构成某种控制作用
	Alt	组合键,同 Ctrl 键一样需要和其他键组合使用才能起特殊的作用
	空格键	空格键,在文档编辑中,每按一次产生 1 个空格
	Enter	回车键,按下此键表示开始执行输入的命令,在录入字符时,按下此键表示换行
	Back Space	退格键,按下此键删除光标左边的 1 个字符,光标回退 1 格
	Windows 徽标键	按下此键可打开"开始"菜单,此键也可和其他键组合使用,实现特殊的功能
功能键区	Esc	功能键,一般用于退出某一环境,或取消某个操作,在不同的软件中,都有特殊作用
	F1～F12	功能键,在不同的软件中被定义的作用不同。例如,在 Windows 操作系统中,"F1"键被定义为"帮助"键,按下该键,即显示对当前软件的帮助
	Print Screen	屏幕复制键,在连接打印机的情况下,利用此键可实现将屏幕上的内容打印输出,或是保存到剪贴板中,用户可以将剪贴板中的内容复制到他处
	Scroll Lock	屏幕滚动锁定键,控制屏幕的滚动,按下此键,屏幕会停止滚动,再按此键,屏幕又会继续滚动
	Pause Break	暂停键,一般用于暂停某项操作,与 Ctrl 同按可中断当前程序的运行
编辑键区	Insert	插入键,是"插入/改写"状态的切换键。在文档编辑中,当处于"插入"状态时,输入的字符会"插入"到光标位置;当处于"改写"状态时,输入的字符会覆盖掉光标右边的字符
	Delete	删除键,删除光标右边的一个字符
	Home	光标移动键之一。在文档编辑中,按一下该键,光标即会跳到当前行的开头。"Ctrl＋Home"会把光标移动到文档的开头
	End	光标移动键之一。在文档编辑中,按一下该键,光标即会跳到当前行的结尾。"Ctrl＋End"会把光标移动到文章的结尾
	Page Up	向上翻页键,在文档编辑中,按一下该键,即向上移动一页文字
	Page Down	向下翻页键,在文档编辑中,按一下该键,即向下移动一页文字
	↑ ↓ ←→	光标移动键,控制上,下,左,右移动,每按 1 次,光标将按箭头指向移动 1 个字符
数字小键盘区	小键盘	小键盘区的键都是上述一些键的重复。为了方便数字的输入,键位上的数字也分上下档,是由"Num Lock"键进行控制,该键称为数字锁定键。按下"Num Lock"键,当右上角的 Num Lock 指示灯亮时,按小键盘上的键输入的是数字,再按一下"Num Lock"时,当右上角的 Num Lock 指示灯灭时,再按小键盘上键就是光标移动或编辑键的功能了

知识点 3　键盘指法

1. **正确的打字姿势**

打字开始前一定要端正坐姿,如果姿势不正确,不但会影响打字速度,还容易导致身体疲劳,时间长了还会对身体造成伤害。正确的坐姿要求是:

(1)两脚平放,腰背挺直,两臂自然下垂,两肘轻松贴于腋边,身体离键盘的距离为 20~30cm。

(2)打字文稿放在键盘的左上方,或用专用夹放置在显示器旁。

(3)打字时,眼观文稿,身体不要跟着倾斜。

(4)打字中要注意休息,防止因过度疲劳导致对身体和眼睛的伤害。

2. **标准指法**

(1)手指分工:为了提高打字速度,减轻疲劳,人们在长期的打字录入实践中总结了一套打字方法,称为标准指法。标准指法对打字时手指的分工作了明确的规定。打字时,双手要半握拳,两手四指弯曲成弧形,轻轻地放在基准键位(左手 A S D F,右手 J K L ;)上,两手大拇指轻放在空格键上。在输入中时,手指置于基准键位上面,在键入其他键位后必须重新回到基准键上,再开始新的输入。

每个手指除了指定的基准键外,还分工有其他的字键,称为它的范围键。各手指的分工如图 1.18 所示。

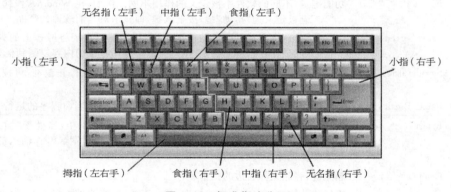

图 1.18　标准指法分工

(2)指法技巧:初练电脑打字时要注意以下几方面的要领。

①眼睛注视文稿,兼看屏幕,尽量不要看键盘。

②思想集中,避免出差错。

③掌握正确的击键要领。手腕保持平直,手臂基本保持静止,全部动作只限于手指伸缩;手指保持弯曲并稍微拱起,指尖的第一关节略成弧形,轻放在基准键的中央位置;击键时只允许伸出要击键的手指,击键完毕必须立即回位;击键要轻盈、快捷,富有弹性,不能拖泥带水,犹豫不决。

知识点 4　中、英文输入法

1. **中、英文输入法的切换**

输入法是我们利用键盘或者鼠标把字符输入到电脑的一种方法。目前比较常见的中文输入法有全拼、微软拼音、智能 ABC 及搜狗拼音、五笔字型等。

在 Windows XP 中，默认的是英文输入法，要切换到中文输入法或在两种中文输入法之间切换，可以单击任务栏右边的输入法图标 [⌨️❓] ，打开"输入法"菜单，从中选择所需要的输入法。

按 Ctrl＋空格键，可在中文与英文输入法之间切换。按 Ctrl＋Shift 键，可在各种输入法之间轮换。

2. 搜狗拼音输入法

搜狗拼音输入法，提供了全拼输入、简拼输入、英文输入、模糊音输入、笔画筛选输入功能，还具有动态升级输入法和词库，智能调整词频等功能，特别适合普通网民使用。

(1)翻页选字：搜狗拼音输入法默认的翻页键是 [,][.] ，即输入拼音后，按 [.] 进行向下翻页选字，相当于 Page Down 键，找到所选的字后，按其相对应的数字键即可输入。输入法默认的翻页键还有 [－][＋]，[{][}] ，你可以通过"设置属性"→"按键"→"翻页键"来设定。

(2)使用简拼：搜狗输入法支持的是声母简拼和声母首字母简拼。同时，搜狗输入法支持简拼、全拼混合输入，例如：输入"srf""sruf""shrfa"都可以得到"输入法"。

(3)中英文切换输入：输入法默认是按下"Shift"键就切换到英文输入状态，再按一下"Shift"键就会返回中文状态。用鼠标点击状态栏上面的"中"字图标也可以切换。

除了用"Shift"键切换以外，搜狗输入法也支持回车输入英文，和 V 模式输入英文。具体使用方法是：回车输入英文。输入英文，直接敲回车即可。V 模式输入英文：先输入"V"，然后再输入你要输入的英文，可以包含@＋＊/－等符号，然后敲空格即可。

(4)修改外观：搜狗输入法可以在系统菜单中的"设置属性"→"外观"内修改皮肤、显示模式、候选字体颜色、大小等外观选项。

(5)表情与符号输入：搜狗输入法提供了丰富的表情、特殊符号库以及字符画，按 Ctrl＋Shift＋B 就可进入搜狗拼音快捷输入面板，随意选择自己喜欢的表情、符号、字符画、日期时间等。

(6)专业词库丰富：系统提供了一些自然科学、人文科学、社会科学、工程与应用、医药、艺术等专业名词的词库，还包括一些游戏、诗词等其他专业内容的词库。

如图 1.19 所示，搜狗输入法还有很多方便的功能，都可以通过"菜单"中的"设置属性"来操作和学习。

上机练习

1. 利用打字教学软件，按照指法规则反复练习指法和键盘操作。

2. 打开 Windows 的记事本，按照指法规则输入下面短文：

Only recently did linguists begin the serious study of languages that were very different from their own. Two anthropologist-linguists, Franz Boas and Edward Sapid, were pioneers in describing many native languages of North and South America during the first half of the twentieth century. We are obliged to them because some of these languages have since vanished，as the peoples who spoke them died out or became assimilated and lost their native languages. Other linguists in the earlier part of this century, however, who were less eager to deal with bizarre data from "exotic" language, were not always so grateful. The newly described languages were often so strikingly different from the well-studied languages of Europe and Southeast Asia that some scholars even accused Boas and Sapid of fabricating their data. Native American

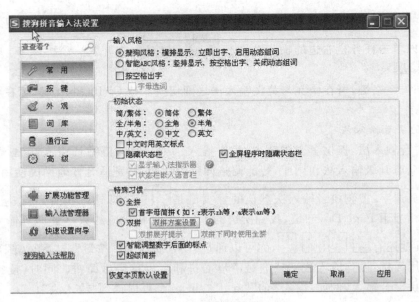

图 1.19 搜狗拼音输入法设置

languages are indeed different, so much so in fact that Navajo could be used by the US military as a code during World War Ⅱ to send secret messages.

3. 练习"Shift"上档键的使用,在记事本中输入下列符号:

～！@ ＃ ＄ ％ ˆ ＆ ＊（）_＋{ }｜："" ＜＞？

4. 在"记事本"中,用"搜狗输入法"输入以下诗词:

送友人

作者:李白

青山横北郭,白水绕东城。

此地一为别,孤篷万里征。

浮云游子意,落日故人情。

挥手自兹去,萧萧斑马鸣。

采桑子

作者:欧阳修

群芳过后西湖好,狼籍残红,飞絮蒙蒙,垂柳阑干尽日风。

笙歌散尽游人去,始觉春空,垂下帘栊,双燕归来细雨中。

1.5.4 任务完成评价

通过本章任务的执行,我们了解了计算机的发展状况与主要应用领域,认识了微型机的硬件系统与软件系统的组成,了解了数据和信息在计算机中是如何表示的,以及计算机系统的安全使用知识。通过操作,我们初步掌握了鼠标和键盘的使用方法。

1.5.5 知识技能拓展

有一位老师,需要用计算机编辑文稿,上网浏览新闻及查找资料,请你帮他参考一下如何配置一台合适的计算机。另有一位游戏发烧友,他要配置一台什么样的计算机才能满足他的使用需求?

(苏　翔　程正兴)

本章习题

一、填空题

1. 以微处理器为核心组成的计算机属于_____代计算机。

2. 微机中 1K 字节表示的二进制位数是_____。在微型计算机的汉字系统中,一个汉字的机内码占_____字节。

3. 一个完整的计算机系统由_____和_____组成。

4. 总线通常由_____、_____和_____组成。

5. 微型计算机键盘上的 Back Space 键称为_____;Caps Lock 键称为_____。

二、选择题

1. 计算机的微处理芯片上集成有部件( )。

　　A. CPU 和运算器　　　　　　　　B. 运算器和 I/O 接口

　　C. 控制器和运算器　　　　　　　D. 控制器和存储器

2. 在微机的性能指标中,用户可用的内存容量通常是指( )。

　　A. RAM 的容量　　　　　　　　　B. ROM 的容量

　　C. RAM 和 ROM 的容量之和　　　D. CD-ROM 的容量

3. 微型计算机必不可少的输入/输出设备是( )。

　　A. 显示器和打印机　　　　　　　B. 鼠标器和扫描仪

　　C. 键盘和显示器　　　　　　　　D. 键盘和数字化仪

4. 下列软件中,不属于应用软件的是( )。

　　A. 工资管理软件　　　　　　　　B. 档案管理程序

　　C. Word 文字处理软件　　　　　 D. Windows XP

5. 下列叙述中,正确的一条是( )。

　　A. 存储在任何存储器中的信息,断电后都不会丢失

　　B. 操作系统是只对硬盘进行管理的程序

　　C. 硬盘装在主机箱内,因此硬盘属于主存

　　D. 磁盘驱动器属于外部设备

6. 下列叙述中,正确的是( )。

　　A. 反病毒软件通常滞后于计算机新病毒的出现

　　B. 反病毒软件总是超前于病毒的出现,它可以查、杀任何种类的病毒

　　C. 感染过计算机病毒的计算机具有对该病毒的免疫性

　　D. 计算机病毒会危害计算机用户的健康

7. 下列字符中 ASCⅡ 码值最小的是( )。

　　A. A　　　B. a　　　C. k　　　D. M

Windows XP 中文操作系统

Windows XP 中文操作系统是微软公司在 2001 年发布的一款操作系统软件(其中文全称为:视窗操作系统体验版)。之后,又经过了不断的更新改进,它具有功能强大、操作界面友好、简单易用等特点。它一方面管理计算机中的各种软、硬件资源,另一方面给用户提供了一个友好的操作界面。

2.1 任务一 认识 Windows XP 中文操作系统

怎样通过 Windows XP 来操作使用计算机呢? 就让我们从认识 Windows XP 开始吧!

2.1.1 任务目标展示

1. 掌握启动与关闭 Windows XP 系统的操作方法。
2. 认识 Windows XP 系统的窗口界面及对话框。
3. 学会使用 Windows XP 帮助系统。

2.1.2 知识要点解析

知识点 1 **Windows XP 的启动与关闭**

1. 启动 Windows XP

开启主机电源,系统即自动启动,之后进行到 Windows XP 的登录界面,如图 2.1 所示。

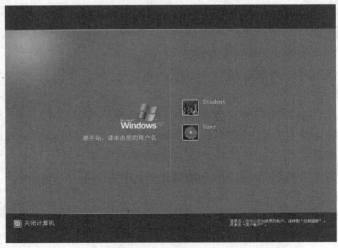

图 2.1 Windows XP 登录界面

选择一个用户名,如果该用户没有设置密码,则直接进入 Windows XP 桌面;如果用户设置了密码,输入正确的密码后,进入 Windows XP 桌面。

2. Windows XP 的注销

由于 Windows XP 是一个支持多用户的操作系统,可实现多用户登录。为了便于不同用户的快速登录,Windows XP 提供了注销的功能。使用注销功能,不必重新启动计算机就可实现用户切换。

其操作方法是:在“开始”菜单中单击“注销”按钮 🔑,桌面上即刻出现一个如图 2.2 所示对话框,其中的“切换用户”是指保留当前用户所打开的程序和数据,切换到其他用户来使用该计算机;“注销”是指关闭当前所有程序并退出系统桌面,返回到 Windows XP 的登录界面。

3. 关闭计算机

当用户不再使用计算机时,就可以关闭计算机了。单击“开始”按钮,选择“关闭计算机”命令按钮 ⓪,这时系统会弹出一个“关闭计算机”对话框,如图 2.3 所示。

　　图 2.2　“注销”对话框

　　图 2.3　“关闭计算机”对话框

其中各按钮的功能如下。

待机:系统将当前运行状态保存于内存中,然后退出系统,转入到一种低能耗状态,并维持 CPU、内存和硬盘以最低限度运行。按主机上的电源开关就可以激活系统,系统很快从内存中调入数据进入到待机前的运行状态。在待机状态下,只是关闭了部分外部设备,系统并未真正关闭,它比较适用于短时间内停止工作。

关闭:保存系统设置,停止系统的运行,并自动关闭计算机电源。

重新启动:关闭系统并重新启动计算机。

知识点 2　Windows XP 的桌面

成功启动计算机,登录系统后看到的整个屏幕界面,称为“桌面”,如图 2.4 所示。桌面由程序图标、任务栏、桌面背景等组成。“桌面”一词非常形象,它是一个工作平面,用户所打开的程序或文件夹窗口都“摆放”在这个桌面上。

1. 桌面图标

所谓“桌面图标”,是指在桌面上排列的小图像,它包含图形、说明文字两部分。代表一个程序、文件、硬件设备或它们的快捷方式。桌面上常用的图标有:“我的文档”“我的电脑”“网上邻居”“回收站”“Internet Explorer”等。还可把常用的程序、文件及文件夹的图标放在桌面上。

2. 任务栏

任务栏一般位于桌面底部,任务栏从左至右依次为:“开始”菜单、快速启动栏、任务按钮

图 2.4　Windows XP 的桌面

（正在运行程序的图标）、语言栏、指示器等。

"开始"菜单：对计算机系统的所有操作，都可以从这里开始。如启动程序、获取帮助等。

快速启动栏：它由一些快速启动程序图标组成，可快速启动相应的程序。

任务按钮：当启动一个应用程序后，任务栏上就会出现一个相应的窗口图标，表明该程序正在运行中。

语言栏：单击语言栏图标，可在打开的菜单中选择所用的语言输入法。右击语言栏，在打开的菜单中选择"还原语言栏"，它也可以独立于任务栏之外。

指示器：显示一些常驻内存的应用程序的图标（如时钟、声音控制、防火墙等）。

3. 桌面背景

桌面背景也就是用户常说的屏幕背景。用户也可以将自己喜欢的图片设为桌面背景。

知识点 3　Windows XP 的"开始"菜单

1. 默认式"开始"菜单

单击"开始"按钮（或按 Ctrl＋Esc 快捷键命令），即打开"开始"菜单。如图 2.5，它大体上包括如下几个部分：

最上方是当前登录的用户名。

中间部分的左侧是用户常用的一些应用程序的快捷启动项。根据其内容的不同，中间会有灰色的分组线，通过这些快捷启动项，可以快速启动应用程序。右侧是系统工具菜单区，比如"我的电脑""搜索"等选项，用户通过这些菜单项可以实现对计算机的操作与管理。

在"所有程序"菜单项中包括了计算机系统中安装的全部应用程序。

最下方是计算机控制菜单区域，包括"注销"和"关闭计算机"两个按钮，可进行注销和关闭计算机的操作。

2. 经典式"开始"菜单

考虑到 Windows 旧版用户的使用习惯，系统保留了经典式"开始"菜单。按使用习惯，用户也可把它改为经典式"开始"菜单,如图2.6所示。其方法是:在"开始"按钮上右击鼠标,在弹出的快捷菜单中选择"属性"命令,打开"任务栏和「开始」菜单属性"对话框,在"「开始」菜单"选项卡下选中"经典「开始」菜单"单选项,单击"确定"。这样,即换成经典式"开始"菜单。

图 2.5 默认式"开始"菜单

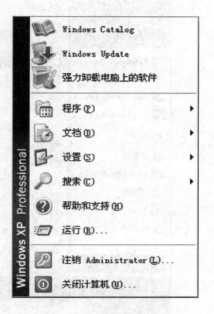

图 2.6 经典式"开始"菜单

3. 运行与退出应用程序

Windows XP 操作系统的一个主要功能就是管理软件、运行应用程序。应用程序也称可执行文件(其扩展名一般为 .COM 或 .EXE)。

(1)启动应用程序

方法一、通过"开始"菜单运行:选择"开始"菜单,指向"所有程序"子菜单,从所显示的应用程序(或子菜单)中单击需要运行的应用程序。

如图 2.7 所示,现以启动 Word 2003 为例,来说明这种操作方法。

步骤 1:单击"开始"按钮,指向"所有程序"。

步骤 2:在"所有程序"的下级子菜单中指向"Microsoft Office",从中单击"Microsoft Office Word 2003"命令。这时,就运行了 Word 2003 程序,进入到它的窗口界面了。

方法二、从桌面快捷方式"图标"运行:双击桌面上的应用程序快捷方式图标。

方法三、从应用程序文件所在位置运行:找到应用程序所在文件夹,双击应用程序图标或应用程序快捷方式图标。

(2)退出应用程序:应用程序使用结束,应及时退出,返回到操作系统。退出应用程序的常用方法如下。

方法一、关闭应用程序窗口并退出:单击标题栏右端的"关闭"按钮;或单击"文件"菜单中的"退出"命令;或单击"应用程序窗口"左上角的控制菜单,从中选择"关闭"。

方法二、从"Windows XP 任务管理器"退出:按组合键"Ctrl＋Alt＋Del",打开 Windows

图 2.7　启动应用程序"Word 2003"

XP 任务管理器,在其中的"应用程序"选项卡中,选定要停止运行的程序,单击"结束任务"按钮。

知识点 4　Windows XP 的窗口

Windows XP 是一种视窗操作系统。运行任何一个应用程序,都会打开一个窗口。各种应用程序的窗口,在内在特征和外在风格上都具有高度一致性。因此,掌握窗口的操作,对使用计算机具有重要意义。

1. 窗口的组成

下面以"我的文档"窗口为例,来认识 Windows XP 系统中窗口的组成,如图 2.8 所示。

边框:是窗口的边界。它确定了窗口的几何尺寸。

标题栏:位于窗口上部,其上显示有窗口名称,左侧有控制菜单按钮,右侧有最小化、最大化或向下还原、关闭按钮。

菜单栏:在标题栏的下面,菜单栏一般包括多个菜单,每个菜单中又有多个菜单选项,用于执行相关的操作命令。

工具栏:以按钮形式提供常用的命令,使操作更方便快捷。

地址栏:显示当前窗口内容所处的位置,可以是本机位置(也可以是某一个网址)。

最小化按钮:单击它可使窗口缩小为任务栏上的一个图标。

最大化或向下还原按钮:单击最大化按钮,可使当前窗口最大化;单击向下还原按钮,可

图 2.8 "我的文档"窗口

使窗口还原为此前大小。

关闭按钮：单击它则关闭窗口，终止正在运行的程序。

状态栏：在窗口最下方，显示当前窗口的状态信息。

工作区域：显示当前打开窗口的内容。

滚动块和滚动按钮：通过拖动滚动块或单击滚动按钮来查看工作区中的内容。

链接区域：链接区域包括"任务""其它位置"和"详细信息"几种选项，通过单击相应的选项名称来隐藏或显示其中的具体内容。

2. 窗口的操作

窗口的操作，包括打开与关闭窗口、移动窗口、改变窗口大小、切换活动窗口等。

打开窗口：双击要打开的窗口图标即打开一个窗口。

关闭窗口：单击窗口右上角的关闭按钮。

移动窗口：用鼠标拖动标题栏，移动到合适的位置。

最大化或向下还原：单击标题栏上最大化（或向下还原）按钮，使当前窗口最大（或向下还原）。另外，双击标题栏可在最大化与向下还原两种状态间切换。

最小化：单击最小化按钮，窗口缩小为任务栏上一个图标。单击该图标，窗口重新变为活动窗口显示在桌面上。

改变窗口大小：除了使用最大化或向下还原、最小化按钮外，还可以用鼠标拖动窗口边框来改变窗口大小。把鼠标放在窗口的垂直（或水平）边框上，当鼠标指针变成双向箭头时，拖动鼠标改变窗口的宽度（或高度）。把鼠标放在窗口的四角之一，斜向拖动，亦可缩放窗口的大小。

切换活动窗口:当同时打开多个窗口时,只有一个窗口处于活动状态,称为活动窗口。单击所打开的某一窗口或任务栏上的窗口图标,即可切换活动窗口。

知识点 5 **Windows XP 的对话框**

对话框是用户与计算机交流信息的一种形式。对话框从属于一个程序(它并不是一个独立的窗口)。对话框有两种模式:模式对话框,必须回答或关闭才能回到主程序;非模式对话框,不是必须回答才能回到主程序(如"查找和替换"对话框)。如图 2.9 所示,它是"显示属性"对话框。

图 2.9 "显示属性"对话框

标题栏:在对话框最上方,其上显示对话框的名称。右侧是"帮助"和"关闭"按钮。

标签和选项卡:标签是选项卡上的名称。选项卡是将同一类信息组织在一起。单击标签可选择选项卡。

列表框:提供多个选项,可以从中选择,但是不能更改。

单选按钮:是在一组选项中包含的多个按钮,只能从中选择一个。

复选框:一般用于多个选项中按需要选择一项或多项,也可以不选。

命令按钮:用来执行一个命令,常用的有"确定""应用""取消"等。

微调框:它由文本框和微调按钮组成。单击向上、向下箭头可增大或减小数字。

知识点 6 **Windows XP 的帮助系统**

Windows XP 提供了内容丰富的帮助信息,帮助用户解决在使用过程中遇到的问题。

1. 从"开始"菜单的"帮助和支持"获得帮助

在"开始"菜单中,单击"帮助和支持"选项,打开"帮助和支持中心"窗口,如图 2.10 所示。其中,提供了"帮助主题""搜索"和"网上帮助"等帮助方式。

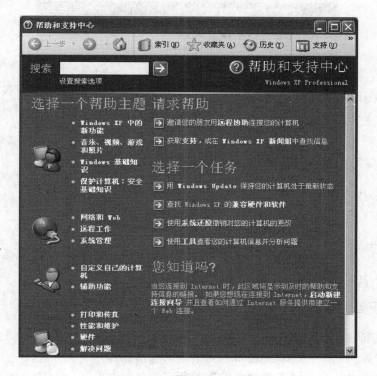

图 2.10　帮助和支持中心

2. 通过应用程序的"帮助"菜单获得帮助

Windows XP 的应用程序一般都有一个"帮助"菜单,单击"帮助"菜单中的选项,可以得到有关应用程序的帮助信息。

3. 从对话框中获得帮助

Windows XP 的各种对话框的标题栏上都有一个"帮助"图标,单击该图标,即弹出相关的帮助信息。

2.1.3 学生上机操作

1. 正确启动与关闭 Windows XP。

2. 分别设置两种不同风格的"开始"菜单。

3. 从"开始"菜单启动"画图"、计算器和记事本等应用程序。

4. 打开"我的电脑"窗口,并进行最大化、最小化、缩放、移动、关闭等操作练习。

5. 设置 Windows XP 的屏幕保护为字幕"欢迎使用 Windows XP"。

6. 在"帮助和支持"中查找有关"Windows 防火墙"的内容(图 2.11),将其部分内容复制到写字板中,并按要求保存文档。

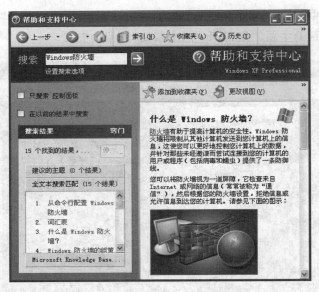

图 2.11 帮助和支持——Windows 防火墙

2.1.4 任务完成评价

1. 能否正确启动与关闭 Windows XP?
2. 能否掌握 Windows XP 的窗口及对话框的基本操作?
3. 能否使用 Windows XP 帮助系统查找所需要的信息?

2.1.5 知识技能拓展

查阅资料,进一步了解 Windows 操作系统的发展情况。

2.2 任务二　文件和文件夹的管理

在计算机中,任何程序和数据都是以文件形式存储的。Windows XP 系统就是通过对文件和文件夹的管理来进行工作的。对文件和文件夹的管理主要包括:文件的打开与关闭、创建、重命名、复制或移动、删除等。Windows XP 提供"我的电脑"(在 XP 之后改称"计算机")和"资源管理器"来实现对文件和文件夹的管理。

2.2.1 任务目标展示

1. 认识"我的电脑"与"资源管理器"窗口。
2. 熟悉文件和文件夹的概念及基本操作。
3. 学会快捷方式的基本操作。

2.2.2 知识要点解析

知识点 1　我的电脑

双击桌面上"我的电脑"图标,即打开"我的电脑"窗口,如图 2.12 所示。请在图中的空白框中分别填写下列名称:用户文档、硬盘、光驱、软驱。

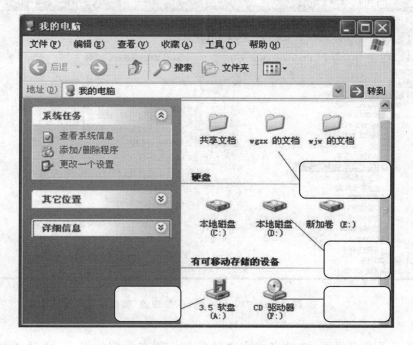

图 2.12 "我的电脑"窗口

在"我的电脑"窗口的工具栏上,还有"后退""向上"等按钮。单击"后退"按钮,将返回到前一个文件夹;若"前进"按钮可用,单击它则前进到上一个文件夹;单击"向上"按钮,则返回到上一级文件夹。在"我的电脑"窗口中,要查找文件夹或文件,应该按照文件夹的路径及层次关系,逐步打开文件夹,去查找所要的文件夹或文件。

若单击工具栏上的"文件夹"按钮,可在窗口左侧显示"文件夹"子窗口,其中显示了文件夹的树形结构,这跟"资源管理器"的窗口一样。

知识点 2　Windows 资源管理器

单击"开始"菜单,依次指向"程序""附件",从中单击"Windows 资源管理器"命令,打开"Windows 资源管理器",如图 2.13 所示。

"Windows 资源管理器"的窗口中设置了两个子窗口,左侧的子窗口显示的是文件夹的树型结构列表,右侧的子窗口显示选定的文件夹的内容。这样,通过"资源管理器",就可以同时查看到文件夹的内容及其层次关系。

在"资源管理器"的"文件夹"窗口中,若文件夹前有"⊞"号,表明该文件夹还有下一级子文件夹,单击这个"⊞"号将展开这个文件夹。若文件夹前有"⊟"号,表明该文件夹已被展开,单击这个"⊟"号将折叠这个文件夹。

知识点 3　文件和文件夹的概念

文件是一个完整的、有名称的信息集合。在计算机中,文件都存储在磁盘上。其中存放的可以是文本、图像、声音、视频及应用程序等。文件的基本属性包括文件名、文件类型、文件大小和文件的建立日期、时间等。

1. 文件名和文件类型

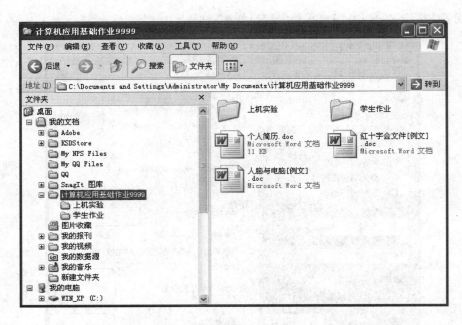

图 2.13 "Windows 资源管理器"窗口

(1)文件名及命名规则:文件名由主文件名和扩展名两部分组成,两者之间以"."号分隔。

文件名的命名规则如下:

Windows XP 支持长文件名,文件名最多可达 255 个字符。

文件名中可以包含字母(大小写均可)、汉字、数字、空格和".(英文句点)"等允许使用的符号,当使用多个"."时,最后一个"."的后面为扩展名。

但在文件名中不能含有:\ / : * ? " < > | 等字符。

(2)文件类型:按文件中所存储的信息及功能的不同,文件又有不同的类型。文件的类型由文件的扩展名来标识区分。文件的扩展名为 1~3 个字符组成。在 Windows XP 中,不同类型的文件会用不同的图标显示。常用的文件扩展名及文件类型如表 2.1 所示。

表 2.1 常用文件扩展名及文件类型

扩展名	文件类型	扩展名	文件类型
. COM	命令文件	. TXT	文本文件
. EXE	可执行文件	. DOC	Word 文档文件
. SYS	系统文件	. XLS	电子表格文件
. INI	配置文件	. BMP	位图文件

2. 文件夹及路径

文件是一个基本存储单元,Windows XP 通过文件来区分不同的数据集合和程序。文件夹是存放文件的容器,也是在磁盘上组织文件的一种手段。文件夹既可包含文件,也可包含其他文件夹(也称子文件夹)。文件和文件夹在电脑屏幕上显示为一个图标。

Windows XP 中,文件夹的命名规则和文件的命名规则类似。在同一个文件夹内,文件和文件夹不能重名。

在访问一个文件时,一般用路径来表示该文件在磁盘上的具体位置。一个完整的路径由驱动器名和分层的子文件夹名组成,各层文件夹之间用"\"隔开。例如:360realpro.exe(360实时保护)这个程序文件的完整路径为:"C:\Program Files\360safe\safemon"。

知识点4 文件和文件夹的管理操作

1. 新建文件夹和文件

(1)新建文件夹:其操作方法如下。

步骤1:在"我的电脑"(或"资源管理器")中打开一个要存放新文件夹的磁盘或文件夹。

步骤2:在"文件"菜单中指向"新建",从中单击"文件夹"命令(或是在窗口的空白处单击右键,在弹出的快捷菜单中指向"新建",从中单击"文件夹"命令)。

步骤3:单击"新建文件夹"的名称框,再单击一次,接着键入文件夹的名称,然后按Enter键。

(2)新建文件:也可采用与上述"新建文件夹"类似的方法来新建文件(如:文本文档、Word文档等)。

(3)创建"桌面快捷方式":快捷方式是一种特殊类型的文件。使用时,只要双击快捷方式图标,就可以快捷地打开要访问的程序或其他项目。可以把经常访问的项目,如程序、文件、文件夹等,通过创建快捷方式进行链接。快捷方式可以放置在桌面上,也可以放置在其他文件夹中。

在桌面上创建快捷方式的常用方法有以下两种:

方法一:在"我的电脑"或"资源管理器"用鼠标右键单击需要创建快捷方式的对象,在弹出的快捷菜单中指向"发送到",从中单击"桌面快捷方式"命令,则将快捷方式创建在桌面上,如图2.14(1)所示。

方法二:在"我的电脑"或"资源管理器"中找到需要经常访问的对象,然后用鼠标右键将该对象拖到桌面上,释放鼠标,再在弹出快捷菜单中单击"在当前位置创建快捷方式"命令,如图2.14(2)所示。

2. 文件和文件夹的选定

要对文件和文件夹进行复制、移动等操作,要先选定文件和文件夹。一次可以选定一个文件或文件夹,也可以选定多个。被选定的文件和文件夹图标将被反白显示。

(1)选定单个文件和文件夹:单击要选定的文件或文件夹。

(2)选定连续的多个文件和文件夹:单击要选定的第一个文件或文件夹,按住Shift键,再单击要选定的最后一个文件或文件夹。

如要选定的多个文件或文件夹在一个矩形块内,这时也可按住鼠标左键左上角拖至该区域的右下角,然后释放鼠标。该矩形区域内的文件或

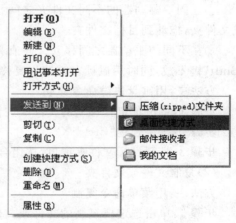

(1)方法一

(2) 方法二

图2.14 创建"桌面快捷方式"

文件夹即被选定。

（3）选定多个不相邻的文件和文件夹：用鼠标单击先选定一个文件或文件夹，然后按住Ctrl键不放，再用鼠标依次单击要选定的下一个文件或文件夹，选择完毕后放开Ctrl键。

3．重命名文件或文件夹

步骤1：选定要重命名的文件或文件夹。

步骤2：在"文件"菜单中单击"重命名"命令，或是在名称框上右击鼠标，从弹出快捷菜单选择"重命名"命令。

步骤3：键入新的文件（夹）名称，然后按Enter键。

此操作也可以这样做，单击要更名的文件（夹），接着再单击一次，然后执行步骤3。

4．移动或复制文件或文件夹

移动，是把文件或文件夹转移到其他文件夹中，原来位置的文件或文件夹消失。

复制，是把文件或文件夹复制一份，原来位置上保留该文件或文件夹。

移动和复制文件或文件夹，有多种操作方法。下面介绍比较常用的几种方法。

（1）移动文件或文件夹

方法一：用菜单命令移动

步骤1：单击选定要移动的文件或文件夹。

步骤2：在窗口的"编辑"菜单中，选择"剪切"命令（或单击右键，在弹出的快捷菜单中选择"剪切"命令）。

步骤3：到目标文件夹窗口中，选择"编辑"菜单中的"粘贴"命令（或单击右键，在弹出的快捷菜单中选择"粘贴"命令）。

方法二：用鼠标拖动方法移动

①在同一驱动器的不同文件夹之间移动文件或文件夹，用鼠标左键按住要移动的文件或文件夹，拖动到目标文件夹。

②在不同的驱动器之间移动文件或文件夹，打开源文件夹窗口和目标文件夹窗口，按住"Shift"键不放，同时用鼠标左键按住要移动的文件或文件夹，拖到目标文件夹窗口。

方法三：用键盘快键命令移动

步骤1：单击选定要移动的文件或文件夹。

步骤2：按组合键"Ctrl＋X"。

步骤3：打开目标文件夹窗口，按组合键"Ctrl＋V"。

（2）复制文件或文件夹

方法一：用菜单命令复制

步骤1：单击选定要复制的文件或文件夹。

步骤2：在窗口的"编辑"菜单中，选择"复制"命令（或单击右键，在弹出的快捷菜单中选择"复制"命令）。

步骤3：到目标文件夹窗口中，选择"编辑"菜单中的"粘贴"命令（或单击右键，在弹出的快捷菜单中选择"粘贴"命令）。

方法二：用鼠标拖动方法复制

①在同一驱动器的不同文件夹之间复制文件或文件夹，按住"Ctrl"键的同时用鼠标左键按住要复制的文件或文件夹，拖动到目标文件夹。

②在不同的驱动器之间复制文件或文件夹，打开源文件夹窗口和目标文件夹窗口，用鼠

标左键按住要复制的文件或文件夹,直接拖到目标文件夹窗口中(或按住<Ctrl>键,用鼠标拖动)。

方法三:用键盘快键命令复制

步骤1:单击选定要复制的文件或文件夹。

步骤2:按组合键"Ctrl+C"。

步骤3:打开目标文件夹窗口,按组合键"Ctrl+V"。

5. 删除文件或文件夹

当文件或文件夹不在需要的时候,可将它及时删除。

方法一:选定要删除的文件或文件夹,选择"文件"菜单中的"删除"命令。

方法二:选定要删除的文件或文件夹,在任务窗口中单击"删除所选项目"或"删除这个文件夹(或文件)"命令。

方法三:选定要删除的文件或文件夹,按"Delete"键。

执行了以上操作后,系统都会弹出的一个"确认文件(夹)删除"对话框,如图2.15所示。若确认删除,单击"是"按钮;若不删除,则单击"否"按钮。

图2.15 "确认文件删除"对话框

删除后的文件或文件夹都被放到"回收站"中。要彻底删除"回收站"中的文件和文件夹,可打开"回收站"窗口,检查无误后,单击左窗口中"清空回收站"命令。

6. 恢复(还原)被删除的文件或文件夹

在没执行"清空回收站"命令前,可以将"回收站"中的文件或文件夹还原。打开"回收站"窗口,选定要还原的文件或文件夹,单击左窗口中"还原所选项目"命令。

7. 设置文件或文件夹的属性

文件或文件夹有三种属性:只读、隐藏、存档。"只读"属性,表示该文件或文件夹只能读取和运行,而不能更改和删除;"隐藏"属性,表示该文件或文件夹被隐藏,不在正常显示出来;"存档"属性,表示该文件或文件夹已存档。

需要设置时,选定要设置的文件或文件夹属性,在"文件"菜单中(或右击鼠标,在弹出的快捷菜单中),单击"属性"命令,打开"文件或文件夹属性"对话框(图2.16),在"常规"选项卡的"属性"列表中选中需要的复选框,然后单击"确定"。

8. 搜索文件或文件夹

要在磁盘上找到一个或一些具体的文件,可以使用Windows XP提供的"搜索"功能。

选择"开始"菜单中的"搜索"命令,打开"搜索结果"窗口(图2.17),在"全部或部分文件名"文本框中输入要搜索的文件名(文件名可以使用通配符"?"或"＊",其中"?"代表任意一个字符,"＊"代表任意多个字符。例如"＊.doc"代表搜索所有扩展名为.doc的文件);再在

"在这里寻找"列表框中设置要搜索的文件夹,设置完毕,单击"搜索"按钮。搜索结果将显示在右窗口中。

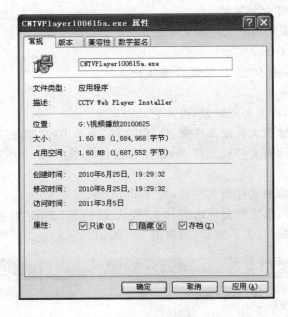

图 2.16 "文件或文件夹属性"对话框

图 2.17 "搜索结果"窗口

2.2.3 学生上机操作

1. 在 D 盘上创建一个文件夹(文件夹名为"计算机应用基础作业")。并建立一个名为

"××自我简介"的文本文件,设置其属性为只读、存档。

2. 把"××自我简介.txt"文件的快捷方式创建到桌面上。然后删除这个快捷方式。

3. 把"××自我简介.txt"文件在当前文件夹中复制一份。

4. 把所复制的"复件××自我简介.txt"文件移动到 D 盘根目录下,并将它更名为"××个人简介.txt"。

2.2.4 任务完成评价

1. 能创建、删除文件和文件夹,更改文件和文件夹的名称及属性。

2. 能移动或复制文件或文件夹。

2.2.5 知识技能拓展

在 C 盘上查找名为"e*.txt"文件,并把其中的 3 个复制到 D 盘的"计算机应用基础作业"文件夹中。

2.3 任务三 使用 Windows XP 的控制面板

计算机系统中的许多软、硬件资源都可以通过 Windows XP 的控制面板来查看和设置。要访问控制面板,单击"开始"菜单,指向"设置",从中单击"控制面板",打开"控制面板"窗口(图 2.18)。怎样使用"控制面板"呢? 下面就让我们一起来研究它。

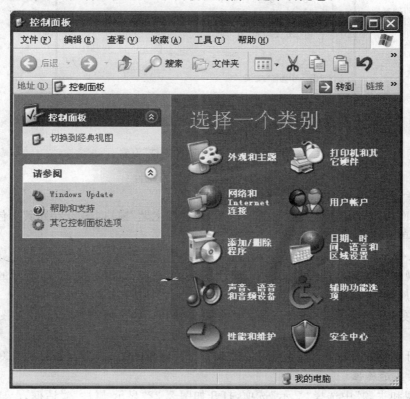

图 2.18 "控制面板"窗口

2.3.1 任务目标展示

1. 了解控制面板的基本功能。
2. 使用控制面板设置系统日期和时间。
3. 会设置"外观和主题"。
4. 会设置输入法。
5. 了解并逐步学会程序的安装与卸载的设置方法。

2.3.2 知识要点解析

知识点 1 更改系统日期和时间

在控制面板中,单击"日期、时间、语言和区域设置",然后单击"日期和时间"选项(也可双击任务栏上的"时钟"),打开"日期和时间 属性"对话框(图 2.19),从中可以更改系统的日期和时间。

图 2.19 "日期和时间 属性"设置

知识点 2 设置"外观和主题"

在控制面板中,单击"外观和主题",打开"外观和主题"窗口(图 2.20),其中包括:任务栏和[开始]菜单、文件夹选项、显示 3 个选项。

1. 设置任务栏和"开始"菜单

在"外观和主题"中,选择"任务栏和「开始」菜单"选项,打开如图 2.21 所示的"任务栏和「开始」菜单属性"对话框。

(1)"任务栏"选项卡:从中可以设置任务栏外观和通知区域的显示项目,如图 2.21(1)所示。

(2)"「开始」菜单"选项卡:从中可以更改"开始"菜单的显示样式,如图 2.21(2)所示。

2. 设置显示属性

在"外观和主题"中选择"显示"选项,打开如图 2.22"显示 属性"对话框。

(1)"主题"选项卡:桌面主题是指包括图标、字体、颜色、声音和其他窗口元素的预定义

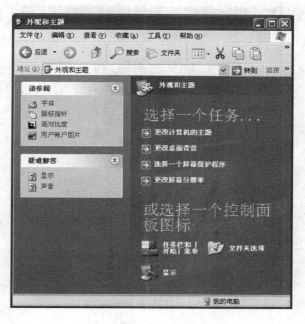

图 2.20　"外观和主题"窗口

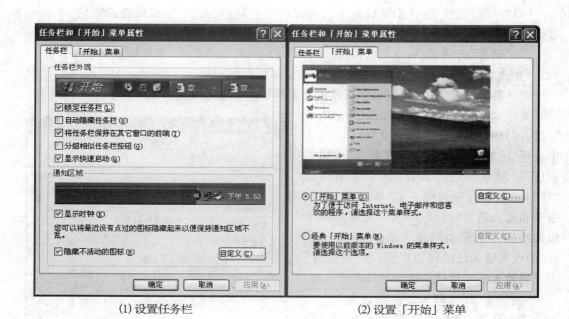

(1) 设置任务栏　　　　　　　(2) 设置「开始」菜单

图 2.21　设置"任务栏和「开始」菜单属性"

的集合。用户可以从中更改切换不同的桌面主题。

(2)"桌面"选项卡:见图 2.22,从中可以设置系统桌面的背景等。

(3)"屏幕保护程序"选项卡:从中可以切换"屏幕保护程序"和电源的节能方案。"屏幕保护程序"是当计算机暂时空闲时,在一段指定时间内不用鼠标和键盘时,在屏幕上出现的

41

图 2.22 "显示 属性"设置

移动图案,以保护屏幕。

(4)"外观"选项卡:从中可以调整设置窗口的标题栏、菜单、工具按钮的颜色、字体或字号等。

(5)"设置"选项卡:从中可以调整设置屏幕分辨率、颜色质量、屏幕刷新频率等参数。

知识点 3　添加或删除输入法

在计算机的使用中,可以根据具体需要来添加或删除已安装的输入法。

要添加输入法,在控制面板中,打开"日期、时间、语言和区域设置"窗口,再从中选择"区域和语言选项",打开"区域和语言选项"对话框,在"语言"选项卡中单击"详细信息",打开如图 2.23 所示的"文字服务和输入语言"对话框,从中可根据需要添加或删除已安装的输入法。还可在"属性"中设置输入法的词语联想,在"键设置"中设置输入法切换键的按键顺序等。

知识点 4　添加或删除程序

在实际工作中,经常需要安装(添加)新的应用程序,或是要删除(卸载)不用的应用程序。在控制面板窗口中,单击"添加/删除程序",打开如图 2.24 所示的"添加或删除程序"对话框。

1. 更改或删除程序

在图 2.24 所示中,若选择"更改或删

图 2.23 "文字服务和输入语言"添加/删除输入法

除程序"选项,可在"当前安装的程序"列表中选中一个具体的应用程序,若单击"更改"按钮,按提示操作,可帮助用户对它进行修复(或是除去);若单击"删除"按钮,按提示操作,可帮助用户完成卸载(完全除去,这是删除程序的正确方法)。

图 2.24 "添加或删除程序"对话框——更改或删除程序

2. 添加新程序

在图 2.24 中,若选择"添加新程序"选项,对话框变为如图 2.25 所示,再从中单击"CD 或软盘",系统进入"从软盘或光盘安装程序"向导,然后按提示操作,即可完成对新程序的安装。

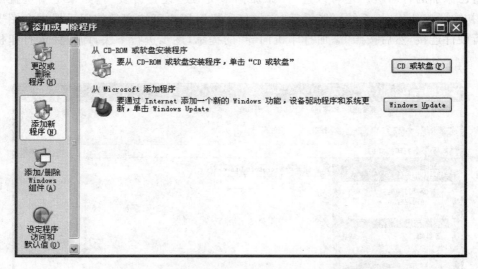

图 2.25 "添加或删除程序"对话框——添加新程序

知识点 5 添加打印机和其他硬件

在控制面板窗口中,单击"打印机和其他硬件",打开"打印机和其他硬件"窗口,如图

2.26 所示。从中可以对打印机和传真、键盘和鼠标等设备的进行设置。

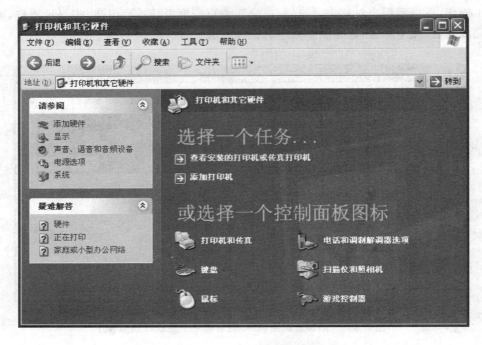

图 2.26　"打印机和其它硬件"窗口

1. 设置打印机和传真

　　选择"打印机和传真",打开"打印机和传真"设置窗口,如图 2.27 所示。在该窗口中可以查看已添加的打印机。还可以进行"添加打印机"或"设置传真"。如果是新购置的打印机,在初次联机使用时,系统可能提示"添加打印机",用户可按产品使用手册中介绍安装说明进行硬件连接,然后按照"添加打印机向导"的提示,逐步进行下去,即可完成打印机的添加。

图 2.27　"打印机和传真"窗口

2. 添加新硬件

如果新设备是一个即插即用设备，只要将它正确连接到计算机就可以使用了。

如果添加的新硬件是一个非即插即用设备，就需要进行"添加硬件"工作。首先，要把硬件跟计算机连接好；再安装该设备的驱动程序；然后设置该设备的属性。

安装一个非即插即用设备，应先按产品使用手册，把新设备连接到计算机上，Windows XP 系统一般会自动搜索并打开"添加硬件向导"。如果系统未能自动打开"添加硬件向导"，则需要用户从控制面板中调用"添加硬件向导"。

见图 2.26，在"打印机和其它硬件"窗口中的"请参阅"下单击"添加硬件"，将打开"添加硬件向导"对话框，如图 2.28 所示。按照向导的提示，单击"下一步"，系统将进行硬件搜索，查找连接到计算机上还未安装的硬件，如果硬件已经正确连接，之后按照向导的提示逐步操作，即可完成该硬件的安装。

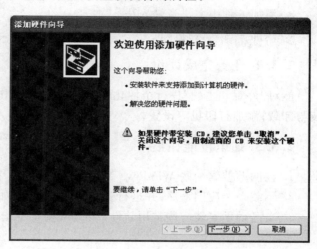

图 2.28 "添加硬件向导"对话框

3. 设置鼠标

见图 2.26，在"打印机及其它硬件"窗口中，点击"鼠标"将打开"鼠标 属性"对话框，如图 2.29 所示。从中可按需要对鼠标属性（包括鼠标键、指针、指针选项等）进行相应设置。

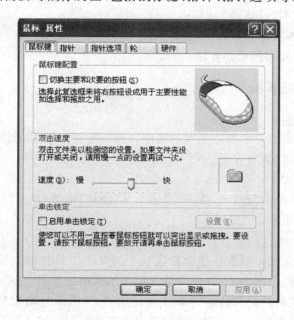

图 2.29 "鼠标 属性"设置

2.3.3 学生上机操作

1. 设置系统日期和时间。
2. 设置个性化的外观。
3. 添加一种中文拼音输入法。
4. 添加一台默认打印机。

2.3.4 任务完成评价

能对"外观和主题"进行个性化设置;能进行日期时间设置;添加删除输入法;程序的安装与卸载;添加打印机等设置。

2.3.5 知识技能拓展

1. 在网上搜索一些 Windows XP 主题及精美图片,个性化设置自己的 Windows XP。
2. 下载一个应用程序,并进行安装与卸载操作(如 QQ2010SP3.1.exe 或其他程序)。
3. 自己动手安装一些常用软件,如"360 安全卫士""Win RAR"等。

2.4 任务四　使用 Windows XP 的附件

Windows XP 的附件中有多个实用程序。如"记事本""写字板""画图",可用于文字、图形编辑;系统工具可用于系统的日常维护等。

2.4.1 任务目标展示

1. 会使用"画图"和"计算器"。
2. 会使用"记事本"和"写字板"等程序。
3. 了解磁盘管理程序的使用方法。

2.4.2 知识要点解析

知识点 1　画图

"画图"是一个用来画图和图片编辑的程序。使用它可以绘图,创建和编辑图片,以供其他应用程序调用和打印,非常方便。

1. 运行"画图"程序

启动"画图"程序,单击"开始",指向"程序",从"附件"中单击"画图"命令,即打开"画图"程序窗口,如图 2.30 所示。

2. 工具箱

工具箱位于窗口左侧。把鼠标指针指向其中的某个工具按钮,在该按钮旁将显示这个工具的功能名称。要使用某个工具,只需单击相应工具按钮即可。从左上到右下,各个工具按钮分别为"任意形状的剪裁""选定""橡皮/彩色橡皮""用颜色填充""取色""放大""铅笔""刷子""喷枪""文字""直线""曲线""矩形""多边形""椭圆"和"圆角矩形"等。

3. 绘制基本图形

利用"画图"工具箱中的工具,可以十分方便地绘制直线、曲线、椭圆、矩形、多边形等多

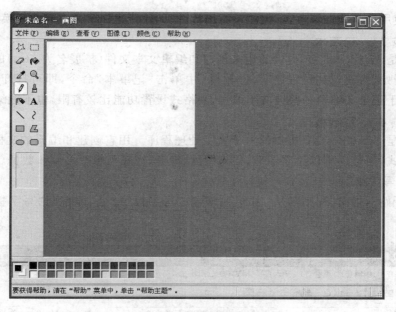

图 2.30 "画图"窗口

种基本图形。

4. 缩放图形

当单击放大工具后,工具箱的底部会显示四种不同的放大倍数,选取需要的缩放工具,即可更改图形的放大倍数。

5. 在图形中增加文字

利用"画图"程序中的"文字"**A**工具,可在图形中插入文字信息。

知识点 2 计算器

Windows XP 的附件中提供了一个计算器。单击"开始"按钮,指向"程序",从"附件"中单击"计算器"命令,即打开"计算器"。如要进行函数计算,可从"查看"菜单中选择"科学型"命令,即打开"科学型"或称"函数型"计算器,如图 2.31 所示。

图 2.31 计算器

这里,使用科学型计算器,不仅能进行函数计算,还能进行不同数制的转换。

知识点 3　记事本

记事本是 Windows XP 提供的用来创建和编辑文本文件(扩展名为.txt)的应用程序。

单击"开始"按钮,指向"程序",从"附件"中单击"记事本"命令,即可打开记事本窗口。记事本常用于记录和编辑一些纯文字信息,其格式设置功能比较有限,也不能编辑图片。

知识点 4　写字板

写字板是 Windows XP 提供的一个文字处理程序。用它创建和编辑的文档可以设置字体和段落格式,而且还可以绘制图形,插入图片、声音、视频剪辑等多媒体数据。

1. 启动写字板

单击"开始",指向"程序",从"附件"中单击"写字板"命令,即打开"写字板"窗口,如图2.32 所示。

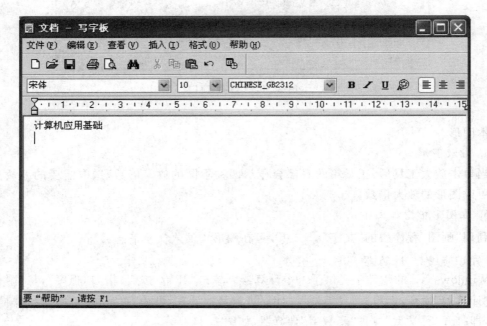

图 2.32　"写字板"窗口

2. 新建和保存文档

打开"写字板"以后,在"文件"菜单中单击"新建"命令,打开"新建"对话框,从中可设置文件类型(默认为.rtf 文件类型),如图 2.33 所示,单击"确定",即新建一个文档。

在其中输入了文本,或插入图形等内容后,要及时保存文件。选择"文件"菜单,单击"保存"命令,弹出"保存为"对话框,从中设置文件名、保存类型,以及保存位置(保存在哪个文件夹),然后单击"确定"按钮。

3. 打开与关闭写字板文档

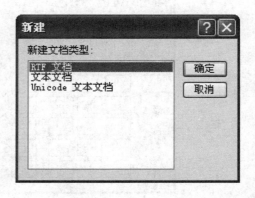

图 2.33　写字板"新建"对话框

要打开写字板文档,启动"写字板"程序后,选择"文件"菜单,单击"打开"命令,弹出"打开"对话框,从中指定查找范围及文件名,单击"打开"按钮,即可打开文件。

保存后,如要退出写字板,单击窗口右上角的"关闭"按钮。

4. 字体、段落和页面设置

(1)设置字体格式:先选定要设置字体的文本,在"格式"菜单中单击"字体"命令,弹出"字体"对话框,从中可设置字体、字形、字的大小。

(2)设置段落格式:先选定要设置段落格式的文本,在"格式"菜单中单击"段落"命令,弹出"段落"对话框,从中可设置首行缩进、段落缩进及段落对齐方式。

(3)页面设置:选择"文件"菜单,单击"页面设置"命令,打开"页面设置"对话框,从中可以设置纸张大小、纸张方向、页边距等。

5. 复制窗口与屏幕快照

(1)复制活动窗口快照:如果要复制活动窗口,按组合键:Alt+Print Screen。

(2)复制屏幕快照:如果要复制整个屏幕,按键:Print Screen。

要想把所复制的图像粘贴到"写字板"的文档中,打开写字板文档,指定粘贴位置后,选择"编辑"菜单,再单击"粘贴"命令(或)即可。如果只需要复制图像中的一部分图像,可到"画图"窗口中进行裁剪编辑。

知识点 5　磁盘管理

使用 Windows XP 的"磁盘管理"工具,可执行与磁盘相关的一些任务。例如,格式化磁盘、分析磁盘存储状态等。在 Windows XP 系统中,应用程序和各种数据都是以文件形式存储在磁盘上的。由于在计算机的使用中经常要安装或卸载一些应用程序,经常要进行文件的移动、复制、删除等操作,或是遇到系统出现故障等情况,这都会在计算机的硬盘上产生许多磁盘碎片。若在这些碎片上存储文件,会造成硬盘读写速度变慢,导致计算机系统的性能下降。因此,有时需要对磁盘进行有效的管理和维护。

1. 格式化磁盘

就是对磁盘进行文件系统标识和区域划分。一个新磁盘必须经过格式化,才能用来存储数据。在进行格式化时需要确定磁盘的文件系统格式,Windows XP 支持的文件系统为 FAT、FAT32、NTFS 3 种。FAT 是较早期的格式,它只能够管理较小的硬盘;FAT32 相对 FAT 的来说,它可以管理相对较大的硬盘;NTFS 文件系统可管理更大的硬盘,具有更好的性能,是 Windows XP 推荐的文件系统格式。

现以格式化一个可移动磁盘为例,具体操作方法如下:

步骤 1:将移动磁盘与计算机连接好。

步骤 2:打开"我的电脑"(或"资源管理器")。

步骤 3:右击要格式化的可移动磁盘图标,如图 2.34(1)所示,从快捷菜单中单击"格式化"命令,弹出如图 2.34(2)所示的"格式化 可移动磁盘"对话框。

步骤 4:指定有关选项。

"容量"大小选项只有软盘才选,移动磁盘或硬盘不用选;"分配单元大小"选项,一般采用系统默认值。如果要命名驱动器,可在"卷标"文本框中输入驱动器名称。在"格式化选项"下可选择格式化的类型,这里可以不选(快速格式化不对磁盘坏扇区进行扫描,主要是为了加快格式化的速度,这种方法不能用于未被格式化过的磁盘)。

步骤 5:单击"开始"按钮,系统即开始磁盘格式化,直到完成。

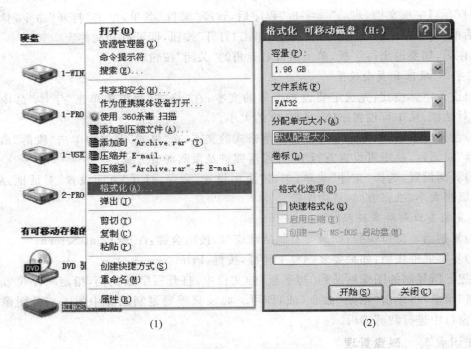

（1）　　　　　　　　　　　　（2）

图 2.34　格式化 可移动磁盘

2. 查看磁盘属性

要查看磁盘属性，在"我的电脑"窗口中右击磁盘（如 C 盘），从弹出的快捷菜单中单击"属性"命令，弹出图 2.35 所示的"磁盘属性"对话框。

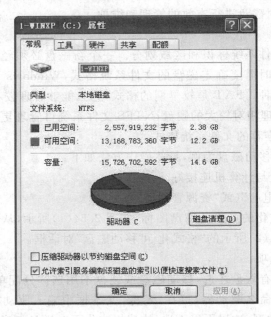

图 2.35　"磁盘属性"常规

（1）"常规"选项卡：如图 2.35 所示，可以查看磁盘的类型、文件系统、已用空间、可用空间等信息。单击"磁盘清理"按钮，可启动磁盘清理程序，进行磁盘清理（专门用来清理系统工作中产生的无用文件，释放磁盘空间）。

（2）"工具"选项卡：如图 2.36 所示，可进行检查磁盘、磁盘碎片整理和文件备份等操作。其中，检查磁盘（"查错"）工具：可检查磁盘是否有坏的扇区，修复文件系统错误、恢复坏扇区。单击"开始检查"，然后按提示操作，即可完成对磁盘的检查。

3. 磁盘碎片整理程序

对磁盘进行"碎片整理"，可以重新安排盘上文件存储的连续空间，提高文件的读写速率。若单击"工具"选项卡下的"开始整理"按钮，将弹出如图 2.37 所示的"磁盘碎片整理程序"对话框。

其中显示了磁盘的存储状态等信息。选择一个磁盘，单击"分析"按钮，系统即分析该磁盘是否需要进行磁盘整理。若单击"碎片整理"按钮，即可开始磁盘碎片整理，系统会以不同的颜色条显示文件的零碎情况及碎片整理的进度。

图 2.36　"磁盘属性"工具

若单击"查看报告"按钮，则打开"分析报告"对话框，显示该磁盘的卷信息及最零碎的文件等信息，用户可根据分析报告来查看磁盘的存储状态，以及决定是否要继续进行碎片整理。

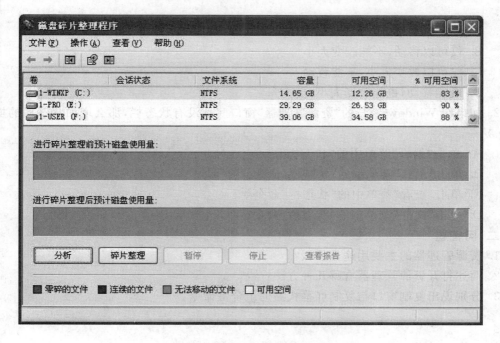

图 2.37　磁盘碎片整理程序

2.4.3 学生上机操作

1. 使用画图程序自制一幅图片,并将它设置为桌面背景。
2. 使用科学计算器,进行一些数学中的函数计算,并练习进制转换。
3. 使用记事本和写字板编辑一份个人简介,并按要求保存。
4. 打开"我的电脑"查看磁盘属性,并选择一个磁盘驱动器进行碎片整理。

2.4.4 任务完成评价

1. 能使用"画图"制作简单图片。
2. 能使用"计算器"进行函数计算。
3. 能使用记事本或写字板进行文字编辑。
4. 能使用磁盘管理工具分析管理磁盘。

2.4.5 知识技能拓展

利用"画图"和"写字板"配合使用,试编写本章"任务一"中的"知识点 2　Windows XP 的桌面"条目的内容(提示:Windows XP 桌面图片可用复制屏幕命令获得)。

（蔡　进）

本章习题

一、选择题

1. 把 Windows XP 的窗口和对话框作一比较,窗口可以移动和改变大小,而对话框（　）。

　　A. 既不能移动,也不能改变大小

　　B. 仅可以移动,不能改变大小

　　C. 仅可以改变大小,不能移动

　　D. 既能移动,也能改变大小

2. 如果在 Windows XP 的"资源管理器"窗口底部没有状态栏,那么增加状态栏的操作是（　）。

　　A. 单击"编辑"菜单中的"状态栏"命令

　　B. 单击"工具"菜单中的"状态栏"命令

　　C. 单击"查看"菜单中的"状态栏"命令

　　D. 单击"文件"菜单中的"状态栏"命令

二、问答题

1. 资源管理器的主要用途是什么?

2. 简述打开资源管理器有哪几种方法?

3. 分别说出复制窗口与复制屏幕快照的组合键命令。

第3章

Word 2003 文字处理软件

　　记录和处理文字,是人们在日常办公、学习和生活中最常见的事情。计算机在处理信息方面的广泛应用,使人们在信息和知识的记载与传播方式上发生了前所未有的巨大变化。要用计算机处理各种文字工作,就需要有一种高效方便的文字处理软件,Word 2003就是这样一种在计算机上广泛使用、功能十分强大的文字处理软件。

　　使用 Word 2003,可以实现文稿录入编辑、插入图片,制作表格、以及设置格式与排版等功能。要使用 Word 2003 处理文字信息,就要启动 Word 2003 程序,熟悉 Word 2003 的窗口界面上的菜单栏、工具栏和对话框,了解在 Word 2003 中获得帮助的具体方法。这样才能较好地应用 Word 2003 来完成所需要的编辑工作。

3.1 任务一　认识 Word 2003

　　如图 3.1 所示,怎样创建、保存一个文档,并对文档进行所需要的排版设置? 就让我们从认识 Word 2003 开始吧!

图 3.1　例文"人脑与电脑"

3.1.1 任务目标展示

1. 掌握启动与退出 Word 2003 的操作方法。
2. 熟悉 Word 2003 的窗口界面。
3. 熟悉获得 Word 2003 帮助的常用方法。

3.1.2 知识要点解析

知识点 1　启动与退出 Word 2003

1. 启动 Word 2003

方法一：从"开始"菜单启动：选择"开始"菜单中"程序"子菜单的"Microsoft Office"，单击 [W] Word 2003 命令。

方法二：通过桌面快捷方式启动：双击桌面上的 Word 2003 快捷方式图标 。

2. 退出 Word 2003

方法一：按钮法：单击 Word 窗口右上角（即标题栏右边）的关闭 [X] 按钮。

方法二：菜单法：单击"文件"菜单中的"退出"命令。

在打开多个 Word 文档的情况下，如果选择了"文件"菜单中的"关闭"命令，则只关闭当前活动的 Word 文档，而不是退出 Word 2003。要注意区别这两种情况的不同。

方法三：控制菜单法：单击标题栏最左端的控制菜单按钮 ，从中选择关闭。或直接双击标题栏最左端的控制菜单按钮，即可关闭该 Word 文档。

方法四：右键法：在标题栏上单击鼠标右键，从弹出的快捷菜单中选择"关闭"命令。

方法五：组合键法：按 Alt＋F4 组合键也可关闭当前 Word 窗口。

不论用户使用了上面的哪一种方法来退出 Word 2003，如果在退出之前未曾保存已更改的文档，Word 2003 将发出提示信息，询问用户是否保存对文档的更改。如要保存对文档的更改，单击"是"按钮，则保存文档并退出 Word 2003；若不要保存，可单击"否"按钮，则不保存文档而退出 Word 2003；若想取消本次保存操作，可单击"取消"按钮，仍返回到 Word 2003 的工作状态。

知识点 2　Word 2003 的窗口

一般情况下，在启动 Word 2003 后，系统将打开一个名为"文档 1"的 Word 文档，如图 3.2 所示。由图可见，Word 2003 的窗口主要包括标题栏、菜单栏、工具栏、文本区、状态栏以及标尺和滚动条等。这些部件构成了 Word 2003 窗口的基本操作界面。

1. 标题栏

标题栏位于 Word 窗口的最上方。在标题栏左方显示了当前被编辑的文档名（如文档 1）和应用程序名（Microsoft Word）。标题栏的最左边是应用程序窗口的控制菜单图标 ，单击该图标会弹出还原、最小化或最大化、关闭等菜单命令。在标题栏的右边有最小化、最大化或还原、关闭三个控制按钮。双击标题栏的中部，窗口可在最大化和还原之间转换。在还原状态时，可用鼠标左键按住标题栏的中部来移动窗口。

2. 菜单栏

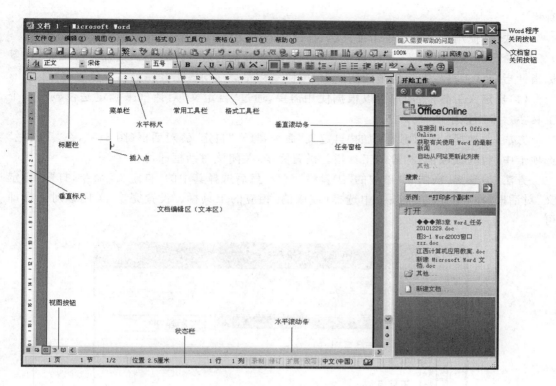

图 3.2   Word 2003 的窗口

菜单栏通常位于标题栏的下方,主要有文件、编辑、视图、插入、格式、工具、表格、窗口和帮助等多个具有智能化、个性化管理功能的菜单。

在用户首次启动 Word 程序时,菜单中只显示最基本的命令。根据用户使用菜单命令的频率,Word 软件会智能化地自动设置菜单,以便显示最常用的命令。若要查看菜单中的所有命令,可单击菜单底部的下拉箭头 ❤（或把鼠标指针指向它并稍作停留;或是双击相应的菜单项）,即可展开该菜单。

3. 工具栏

工具栏一般包含按钮、菜单或二者的组合。工具栏为用户提供了一种快速访问常用命令的方法。工具栏通常置放于菜单栏的下面,每个工具栏上都有多个按钮,一个按钮代表一个常用的命令。根据用户使用工具按钮的频率,Word 2003 会智能化地自动调整工具栏,以显示最常用的工具按钮。在 Word 2003 的使用中,最常用的是常用工具栏和格式工具栏。

（1）常用工具栏:常用工具栏包括在文字处理过程中常用的一些工具按钮,如新建空白文档(　)、打开(　)、保存(　)、打印预览(　)等。

（2）格式工具栏:格式工具栏包括设置文档格式的一些工具按钮,如样式(正文)、字体(宋体)、字号(五号)、加粗(**B**)、倾斜(*I*)、下划线(U ·)、字体颜色(**A** ·),以及段落的对齐方式(　)等。

（3）工具栏的显示与隐藏:显示与隐藏工具栏可用下面几种操作方法来实现。

方法一:选择"视图"菜单,指向"工具栏",在弹出的快捷菜单中选择（或取消）相应的工具栏。

方法二：使用鼠标右键单击工具栏，在弹出的快捷菜单中选中（或取消）相应的工具栏。

用户还可以根据需要，把工具栏"浮动"置放在屏幕的适当位置上。其操作方法是，把鼠标指针指向该工具栏左边的拖放按钮上，按住鼠标左键拖动该工具栏到适当位置释放。

（4）自定义工具栏：用户可以根据使用需要，通过"自定义"对话框来确定是否显示某个工具栏。常用以下两种方法。

方法一：选择"工具"菜单中的"自定义"命令，打开"自定义"对话框（图3.3），在"工具栏"选项卡中选择（或取消）相应的工具栏。设置完毕，关闭该对话框即可。

方法二：选择"视图"菜单中的"工具栏"命令，然后选择其中的"自定义"命令，打开"自定义"对话框，在"工具栏"选项卡中选择（或取消）相应的工具栏。设置完毕，关闭该对话框即可。

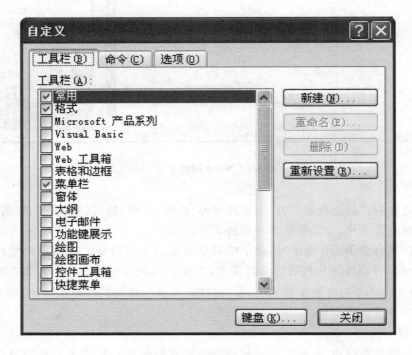

图3.3　"自定义"对话框

4. 文档编辑区

文档编辑区也称文本区，位于 Word 2003 窗口中部，其中显示正在编辑的文档。文本区中有一个闪烁的光标"|"，这个光标的位置称为插入点（它标示了当前输入字符或对象的位置）。在文本每个段落的末尾，都有一个段落标记"↵"，它表示一个自然段的结束（在编辑时，每键入一个回车键，即产生一个段落标记）。

在编辑文档的过程中，鼠标指针的形状会随着鼠标位置的移动而发生变化，分别表示所能完成的不同操作。当鼠标指针为"I"形状时，通常表示确定插入点的位置；当鼠标指针为"⇗"形状时，通常表示对文本的行或段落进行选定操作；当鼠标指针为"⇖"形状时，通常表示选择菜单命令或工具按钮，或是在选定区域对选定文本进行操作；当鼠标指针为"⬍"或

"⇳"形状时,则表示在页面视图模式下对两个页面之间的空白进行隐藏或显示。

5. 状态栏

位于 Word 主窗口的底部,用于显示用户当前正在工作的状态信息,提供页面和插入点位置等相关信息(如页码、节号、当前页号、插入点所在的行列等),以及某些命令(如修订、改写)的当前状态等信息。

在录入或编辑文档中,若双击状态栏中的"改写",则可在改写和插入状态间切换。当"改写"为灰色时,表示当前处于插入状态;当"改写"为黑色时,则表示当前处于改写状态。

显示或隐藏状态栏的操作方法是:选择"工具"菜单中的"选项"命令,打开"选项"对话框,如图 3.4,然后在"视图"选项卡中选中或取消"状态栏"复选框。

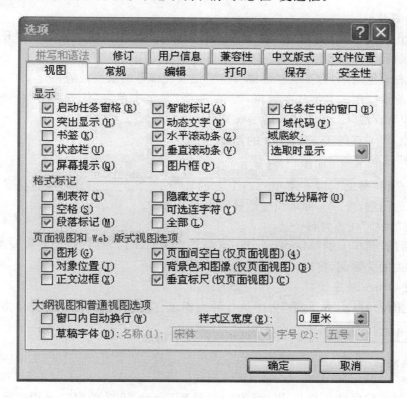

图 3.4 选项对话框——视图选项卡

6. 标尺、滚动条和选定区

都是 Word 窗口的组成元素。

(1)标尺:分为水平标尺和垂直标尺,在简体中文环境下,标尺的默认单位是厘米。用户可以参照标尺来查看或调整页边距、设置制表位、调整正文版面的宽度和高度等。

在水平标尺上有几个按钮标记,若把鼠标的指针分别指向它们,即可显示出相应按钮标记的功能。它们的功能分别是:左对齐式制表符"⌊"、悬挂缩进和左缩进"⌂"、首行缩进"▽"、右缩进"△"。

显示或隐藏标尺的方法是:选择或取消"视图"菜单中的"标尺"命令。

要修改页边距的计量单位,其操作方法是:选择"工具"菜单中的"选项"命令,打开"选项"对话框,然后在"常规"选项卡的"度量单位"下拉列表中选择设置。

(2)滚动条:有垂直滚动条和水平滚动条,用来移动文本区以方便浏览文本。

(3)选定区:在页面视图状态下,选定区是位于文档窗口左边的一个空白区,把鼠标指针置于选定区时,可以比较方便地选定文本的行或段落。

7. 视图按钮

视图按钮是位于窗口下方、水平滚动条左侧的五个按钮。从左起,依次名为:普通视图"≡"、Web 版式视图"▣"、页面视图"▤"、大纲视图"▦"、阅读版式"▧"。其中有一个按钮处于"按下"状态,表示当前视图模式。用鼠标指针单击其中之一,可切换不同的视图模式。

8. 任务窗格

在 Word 2003 中,任务窗格提供了 Word 中常用的操作选项,主要包括"开始工作""新建文档""剪贴板""样式和格式"等。用户可以方便地使用任务窗格中的选项,还可以将任务窗格从窗口右边拖出来,像工具栏那样"浮动"摆放在屏幕的适当位置。

如果当前窗口中未显示任务窗格,可在"视图"菜单中单击"任务窗格"命令来打开任务窗格(也可按组合键"Ctrl+F1"来显示或关闭任务窗格)。

知识点 3   获得 Word 2003 的帮助

1. 使用"键入需要帮助的问题"框

要快速获得"帮助",可在菜单栏右上方的" 键入需要帮助的问题 ▼ "文本框中键入需要帮助的问题,按回车即可快捷地找到相关的答案。

2. 利用"帮助"任务窗格

单击"帮助"菜单上的"Microsoft Word 帮助"(或按 F1),打开帮助任务窗格,在"搜索"框中键入相关的关键词,将返回所有可能的答案列表。

3. 使用 Office 助手

如果希望使用"Office 助手"为所执行的编辑工作提供帮助和提示,可单击"帮助"菜单中的" 显示 Office 助手(O) ",以便获得相应的提示信息。

3.1.3 学生上机操作

上机练习正确启动与退出 Word 2003。观察 Word 2003 的窗口界面。熟悉如何获得 Word 2003 的帮助。

3.1.4 任务完成评价

在学习中逐步熟悉 Word 2003 的窗口界面,进一步熟悉 Word 2003 的菜单命令、工具按钮及对话框的功能。这是我们当前阶段的主要任务。要想进一步较好地掌握 Word 2003 的使用,首先要掌握创建和保存文档的正确方法。

3.2 任务二   Word 文档的创建与保存

用 Word 2003 创建的各种文档都是以文件的形式存放在磁盘上的。Word 2003 的基本操作,应当包括文档的创建与保存,文档的打开和关闭,以及内容的输入与编辑排版等。

3.2.1 任务目标展示

1. 创建文档

用 Word 2003 创建一个新文档,练习录入例文"人脑与电脑"的内容(图 3.5),可试着对文档进行初步的格式设置。

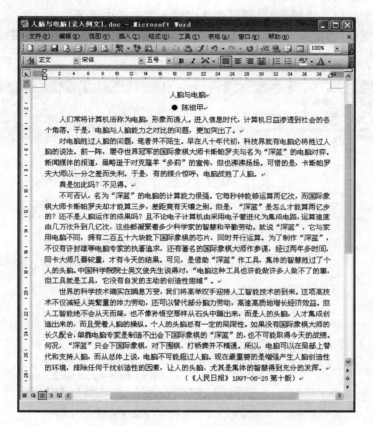

图 3.5 人脑与电脑[录入例文]

2. 保存文档

上机操作中,要养成及时保存文档的好习惯。将文档保存在你自己创建的文件夹"计算机应用基础作业"中,文件名为"人脑与电脑+学号.doc"。本次课中不能完成的,要及时保存,下次上机接着做下去。

3.2.2 知识要点解析

知识点 1 创建文档

1. 创建一个空白文档

(1)启动 Word 2003,即创建了一个默认文件名为"文档 1"的空白文档。

(2)在启动 Word 后,还可用下面的方法来创建一个空白文档。①单击常用工具栏上的"新建空白文档"按钮;②选择"文件"菜单中的"新建(N)…"命令,在弹出的任务窗格中单击"空白文档";③用组合键 Ctrl+N。

使用以上方法所创建的空白文档,其默认的文件名为"文档 n"。

(3)在指定的文件夹中,用鼠标右键快捷菜单命令创建文档。打开"我的电脑"或"资源管理器",进入指定的文件夹中,在文件夹空白区单击鼠标右键,在快捷菜单中指向"新建",从中选择"Microsoft Word 文档"命令,创建一个"新建 Microsoft Word 文档"。这也是一种比较常用的创建新文档的方法。

在创建一个空白文档后,用户即可在其中输入文本的内容了。

学生上机操作:创建一个空白文档,练习录入例文《人脑与电脑》的内容(图 3.6),并按要求及时保存。

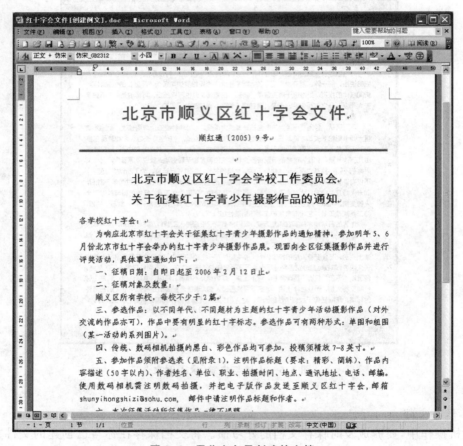

图 3.6 用公文向导创建的文档

2. 使用模板(或向导)创建文档

Word 2003 系统提供了大量的文档模板和向导。在模板或向导的引导下,用户可以方便快捷地创建各种应用文档。

所谓模板,是指具有某种特征的一个或多个文档样板,其中包含的结构和工具构成了已完成文档的样式和页面布局等元素。而向导则是建立在某种模板基础上的文档自动编辑器,它通过一组功能对话框提出问题,并能根据用户的回答,引导用户创建出符合要求的文档。

使用模板或向导新建文档的具体操作步骤如下。

步骤1:选择"文件"菜单中的"新建"命令,打开"新建文档"任务窗格。

步骤2:在"新建文档"任务窗格中,选择"模板"下方的"本机上的模板…",打开"模板"对话框。在该对话框中提供了常用、报告、备忘录、出版物等9种模板。

步骤3:单击所需要的某个模板,如"报告"中的"公文向导",单击确定,即可打开"公文向导"对话框。

步骤4:按向导的提示逐步操作,即可创建一个符合基本要求的文档。

对所创建的新文档,编辑中应及时保存。如对文档的内容不满意,用户可根据实际需要对它进行编辑修改,直至满意为止。

学生上机操作:如图3.6所示,用公文向导创建一个某有关部门的文件,如《北京市顺义区红十字会文件》,并按要求及时保存这个文档。

知识点 2　保存文档

及时保存文件,是编辑文档过程中一件很重要的事情。保存文档,就是把文档以文件的形式存放在计算机中的磁盘上(即"我的电脑"的某个文件夹中)。关于保存文档,要特别强调两点:第一,要明确文档的文件名和文件类型。Word文档默认的扩展名为.doc(一般不要改变它)。如有特殊需要,用户也可以将文档"另存为"其他的文件类型(如网页等)。第二,要明确该文件的保存位置(即存放在电脑上的哪个文件夹中)。

1. 保存新文档

保存一个新文档的常用操作方法如下。

步骤1:执行下列操作之一。单击常用工具栏上的"保存"按钮🖫;选择"文件"菜单中的"保存"命令(或选择"另存为…"命令);或是按Ctrl+S组合键。

当使用上面的任何一种方法保存新文档时,都会打开"另存为"对话框,如图3.7所示。

步骤2:用户需要在"另存为"对话框的"保存位置"列表框中指定文档的保存位置,在"文件名"列表框中键入文件名,并在"保存类型"列表中选择文档的保存类型(图3.7)。

步骤3:单击"另存为"对话框上的"保存"按钮。

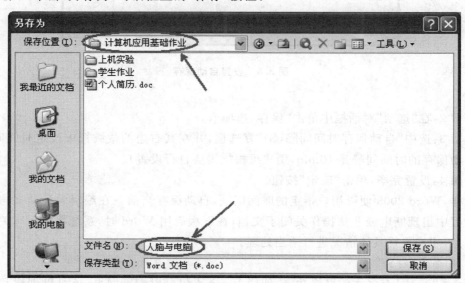

图3.7　"另存为"对话框

2. 继续保存文档

若对文档做了编辑修改,要养成及时保存文档的好习惯。如果文件名和保存位置不变,可单击常用工具栏上的"保存"按钮,或选择"文件"菜单中的"保存"命令,或按 Ctrl+S 组合键这三种方法来保存。

如需更改文件名或文件的保存位置,应选择"文件"菜单中的"另存为"命令,并在"另存为"对话框中更改"保存位置""文件名"和"文件类型"。

3. 设置自动保存

Word 2003 提供了自动保存的功能。恰当地利用这一功能,可以避免因意外停电或死机所造成的文档信息的丢失。设置自动保存的操作步骤如下。

步骤1:选择"工具"菜单中的"选项"命令,打开"选项"对话框(图 3.8)。

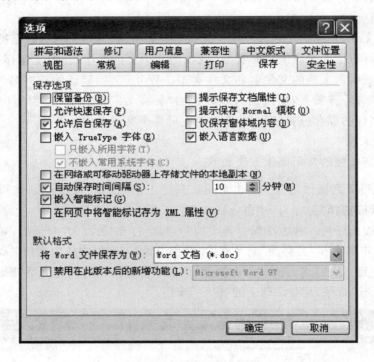

图 3.8　设置自动保存

步骤2:在"选项"对话框中单击"保存"选项卡。

步骤3:选中"自动保存时间间隔(S)"复选框,并在其右边的微调框中设定时间间隔(默认的自动保存的时间间隔是 10min,用户可根据需要自行设置)。

步骤4:设置完毕,单击"确定"按钮。

这样,Word 2003 便以用户指定的时间间隔,自动保存当前正在编辑的活动文档。如果编辑过程中出现断电或非法操作关闭了文档,在下次启用 Word 时,系统将提示有关恢复文档的信息,用户可视具体情况进行适当处理。

4. 另存为"网页"

Word 2003 具有强大的网络功能,使用 Word 不仅可以浏览网页,还可以创建和编辑网页。把一个正在编辑的 Word 文档保存为网页,可按如下步骤操作。

步骤1：选择"文件"菜单中的"另存为网页……"（或"另存为……"）命令，打开"另存为"对话框。

步骤2：在"另存为"对话框中，指定"保存位置"，在"文件名"框中输入网页文件名，在"保存类型"框中选择"网页"或"单个文件网页"。

步骤3：设置完毕，单击"保存"按钮。

知识点3　**打开与关闭 Word 文档**

1. 打开 Word 文档

打开 Word 文档是指把一个已经保存在计算机外存储器上的文档调入内存并显示出来，以对它进行编辑。常用方法有以下几种。

（1）从开始菜单的文档列表中打开：此方法适用于最近编辑刚保存不久的 Word 文档。其操作步骤是：单击"开始"菜单中的"文档"命令，打开文档列表，从文档列表中单击要打开的文件名。

（2）从文件菜单列表中打开：此方法也是适用于最近编辑刚保存不久的 Word 文档。启动 Word 2003，单击"文件"菜单，指向并单击该菜单下拉列表底部的要打开的文件名。

（3）使用"打开"对话框打开：启动 Word 2003，选择"文件"菜单中的"打开"命令（也可单击常用工具栏上的"打开"按钮），出现"打开"对话框，在"查找"范围下拉选择框中指定要打开文件所在的文件夹，在文件列表中就显示出该文件夹中的 Word 文档，双击要打开的文件名，即可打开该文档。

如图3.9所示，这里有必要对"'打开'对话框"上的查找范围、工具栏上的工具按钮及文件类型下拉列表等内容，做一些简要的说明。

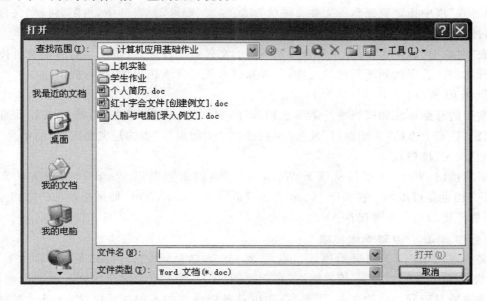

图 3.9　"打开"对话框

①查找范围：若单击"我最近的文档"图标，在其右边的文件夹列表框中将显示用户最近打开过的文件或文件夹；若单击"桌面"图标，在其右边的文件夹列表框中将显示桌面上的文件或文件夹；若单击"我的文档"图标，在其右边的文件夹列表框中将显示 Windows 系统所

提供的"我的文档"中的文档或文件夹;若单击"我的电脑"图标,其右边的文件夹列表框中将显示"我的电脑"中的文件夹或文件。

②工具栏上的工具按钮:在"打开"对话框上,若单击"返回"(⊙ ▾)按钮,可返回到上一次访问过的文件夹(它不是按路径的层次关系返回);若单击"向上一级"(📁)按钮,可打开当前文件夹的上一级文件夹;若单击"搜索 Web"(🔍)按钮,可打开系统当前设置的网络浏览器;若单击"删除"(✖)按钮,将删除文件夹列表框中被选定的文件或文件夹;若单击"新建文件夹"(📁)按钮,可在当前文件夹中新建一个子文件夹(并打开这个新建的文件夹);若单击"视图"(▦ ▾)按钮上的下拉箭头,打开一个下拉菜单,从中可选择当前文件夹中文件列表的显示方式;若单击"工具"(工具(L) ▾)按钮(或其上的下拉箭头),打开一个下拉菜单,从中可选择所提供的如"查找""删除""重命名"等操作。

③文件类型列表框:单击"文件类型"(文件类型(T):)下拉列表框(或其上的下拉箭头),将打开一个有关文件类型的下拉列表,从中可选择要打开的文件类型。

(4)从"我的电脑"或"资源管理器"中打开:如果用户清楚要打开文档所存放的文件夹位置和文件名,则可直接进入"我的电脑"或"资源管理器"的指定文件夹,双击打开指定的文档。

(5)使用"搜索"命令打开:选择"开始",单击"搜索"中的"文件或文件夹…"命令,打开"搜索结果"对话框,如图 3.10 所示。在"全部或部分文件名"框中输入要搜索的文件名,在"这里寻找"框中指定要搜索的文件夹的位置,或是在"地址"列表框中,指定要搜索文件夹的位置,按需要设定其他搜索选项后,单击"搜索"按钮即开始搜索。

在"名称"列表框中,将显示符合搜索条件的文件或文件夹,双击需要打开的文件图标即可打开文档。若未找到所需要的文件,可以修改有关的搜索选项后,再行搜索。

2. 关闭 Word 文档

常用的有菜单法和按钮法。菜单法即选择"文件"菜单中的"关闭"命令;按钮法即单击"文档窗口"右上方的"关闭窗口"按钮(注意:这个"关闭窗口"指的是文档窗口,而不是 Word窗口的"关闭"按钮)。

需要指出,Word 文档是从属于 Word 程序的,如采用退出 Word 2003 的方法来关闭Word 文档也是可以的。在关闭 Word 文档或退出 Word 2003 时,如果更改后的文档未做保存,系统将提示用户是否保存。

知识点 4　设置文档视图

文档视图,也称文档显示模式。启动 Word 2003 后,单击"视图"菜单,即可见 Word 2003 提供了普通视图、Web 版式视图、页面视图、阅读版式和大纲视图这五种不同的视图。这五种视图对应着文档的文本、图形、图表以及排版格式的不同显示属性,在显示时具有一定的区别。例如,"页面视图"要比"普通视图"包含更多的文档格式及页面布局等信息。

1. Word 文档的 5 种视图

(1)页面视图:是 Word 2003 的默认视图。所显示的文档或其他对象,与打印效果一样。例如,页眉、页脚和文本框等项目会出现在它们的实际位置上。页面视图既适用于对文档进行编辑,也适用于对文档进行排版。在页面视图下,文档页面的布局分别在页头和页尾留出

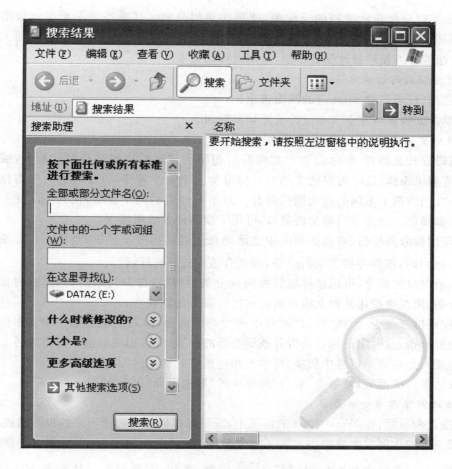

图 3.10 "搜索结果"对话框

规定的页边距,它所显示的页面就是实际的分页。

(2)普通视图:显示文本格式设置和简化的页面。可以显示字符和段落格式,滚动速度快,便于快速浏览文档的正文部分,多用于录入和编辑文本。由于在普通视图下,不能显示图片、艺术字、页眉与页脚等内容,所以它不适合图文混合排版。

(3)Web 版式视图:是文档在 Web 浏览器中的显示情况。它将文档显示为一个不带分页符的长页,并且文本和表格将自动换行以适应窗口的大小。当采用 Web 版式视图时,在Word 窗口中还可以包含一个可调整宽度的查找窗格,称为"文档结构图",专门用于显示文档结构的大纲,用户点击其中的某个大纲标题,即可跳转到文档的相应链接位置,比较方便浏览阅读。

(4)阅读版式视图:是用于在计算机屏幕上阅读文档的视图。在阅读版式下,大多数工具栏都被隐藏,只保留"阅读版式"和"审阅"工具栏。在查看排版效果时,可以使用这种显示模式。如果要查看文档的打印效果,可单击"阅读版式"工具栏上的"实际页数"按钮,要停止阅读版式,可单击"阅读版式"工具栏上的"关闭"按钮。

(5)大纲视图:用缩进文档标题的形式显示标题在文档结构中的级别。主要用于查阅文档的结构和建立、修改文档的大纲。在大纲视图下,可以选择折叠正文,既只显示文档的主要标题,也可以分级显示文档的子标题,使层次更加分明。其缺点是不能显示段落的格式(如段落间距、缩进等)。在使用大纲视图时,在窗口中将显示"大纲"工具栏,使用大纲工具栏上的按钮能够方便地修改标题级别,复制或移动文本。

2. 视图模式的切换方法

(1)选择"视图菜单"中相应的视图选项。

(2)单击文档窗口左下方相应的视图切换按钮。

3. 拆分文档窗口

在编辑较长文档时,有时需要对文档前后相距比较远的内容进行对比检查,或进行复制、移动等编辑操作,这时可以把文档窗口拆分为上下两个窗格,拆分后的两个窗格中显示的是同一文档的两个不同的或相同的部分。对于拆分后的两个窗格,在其中的任一窗格中都可做编辑操作。要拆分当前文档窗口,可用下面两种方法来实现。

(1)使用拆分条按钮:将鼠标指向垂直滚动条上端的拆分条按钮,当鼠标指针变为上下双向箭头(⬍)时,按住左键拖动拆分条,移到合适位置释放即可。

要取消窗口的拆分,可用鼠标指针指向拆分条,然后双击即可取消拆分(或将鼠标指针指向拆分条,用左键按住并向上拖动到文本区的最上端释放)。

(2)使用拆分命令:选择"窗口"菜单中的"拆分"命令,窗口上将显示一条水平的可以上下移动的拆分条,这时用鼠标拖动拆分条到合适的位置,即可把当前窗口拆分为两个窗格。

要将插入点在两个窗格中切换,可单击相应窗格的文本区(或按F6键)。

要取消窗口的拆分,可单击"窗口"菜单中的"取消拆分"命令。

4. 按比例显示与全屏显示

(1)按比例显示:在 Word 2003 的编辑中,既可以根据需要选择不同的视图模式,还可以将视图按一定的比例放大或缩小。Word 2003 默认的显示比例为 100%。要改变显示比例,可选择"常用"工具栏中的"显示比例"(100%)按钮,在弹出的下拉列表中选择显示比例。也可选择"视图"菜单中的"显示比例"命令,在弹出的对话框中选择显示比例。

(2)全屏显示:所谓全屏显示,就是文档的页面占满了整个屏幕,而不再显示 Word 窗口的标题栏、菜单栏、工具栏、状态栏和窗口边框等。选择"视图"菜单中的"全屏显示"命令,即可切换到全屏显示。在全屏视图方式下,用户关注的重点是查看文档的版面效果,同时也可对文档内容进行编辑。若需要使用菜单栏,可按组合键 Alt+F。若要退出全屏显示,可按Esc键(或用鼠标单击屏幕上的"关闭全屏显示"按钮)。

5. 多文档与多窗口操作

(1)打开多个文档:在实际工作中,有时需要打开多个 Word 文档,此时可以采用上面介绍的打开 Word 文档的方法来逐个打开,也可以在"打开"对话框中同时选定若干个文档,然后单击"打开"按钮,把这几个文档一起打开。

(2)同时显示多个文档窗口:要同时显示多个文档窗口,可以选择"窗口"菜单中的"全部重排"命令。也可用鼠标调整不同窗口的大小和位置来显示多个文档。

(3)多文档窗口之间的切换:当打开多个文档时,只有一个文档处于编辑状态(称为"当前文档"或"活动文档")。要切换当前文档,可单击任务栏上的任务标题,或单击"窗口"菜单从下拉列表中选择要编辑的文档名,也可直接单击要编辑的文档窗口标题栏或文本区。

3.2.3 学生上机操作

1. 在编辑如图 3.5 所示的例文《人脑与电脑》的过程中，按图 3.7 所示的情况将其保存。并采用类似的方法保存如图 3.6 所创建的文档。并在编辑过程中，注意及时保存。

2. 结合上面文档的编辑，练习打开与关闭文档的几种方法。

3. 在编辑文档过程中，观察并练习切换 Word 文档的 5 种视图。

3.2.4 任务完成评价

有条理地管理好自己的文件，正确地保存文档，是初学者在使用计算机过程中必须掌握的一项基本功。对此，同学们要引起足够的重视。在上机练习中，以及今后的学习和使用中，都要注意培养自己管理文件和及时保存文件的良好习惯。

3.2.5 知识技能拓展

现在大家初学计算机，同学们录入文本的速度比较慢，拥有的文档也比较少。你可以试着从 Office Word 的帮助中复制一些对当前学习有用的文本，粘贴到你的文档中，并以此来练习文档的创建、保存、打开与关闭等基本操作。

3.3 任务三　文档的基本编辑

Word 2003 的主要功能是编辑文档，文本的录入是编辑文档的基本操作。在 Word 2003 中，可以输入中英文文字、数字、符号，以及日期和时间等。本节主要介绍文本的录入，插入点的定位，文本的选定，插入对象，以及删除、复制和移动，查找和替换等基本编辑操作。

3.3.1 任务目标展示

1. 掌握文档的基本编辑，如插入/改写状态的切换；定位插入点；插入特殊符号的方法。

2. 使用重复、撤销与恢复操作。

3. 掌握选定文本的方法。

4. 掌握复制与移动文本的方法。

5. 掌握查找和替换的方法。

6. 插入和编辑公式。

7. 文本字数统计、拼写和语法检查。

3.3.2 知识要点解析

知识点 1　文本的录入

1. 插入与改写状态的切换

插入状态，是 Word 2003 默认的编辑录入状态。此时录入的文字出现在插入点（光标）所在的位置，该位置之后的字符依次后移，而且后移的文本能自动换行。改写状态，在录入文字时光标右边的文字被新录入的文字改写（也称覆盖）。

要切换插入或改写状态，有两种常用的方法：

方法一：用鼠标左键双击状态栏上的"改写"指示框，使之呈灰色或黑色即可切换到插入或改写状态。

方法二：点击键盘上的 Insert 键（即插入/改写转换键）。

2．插入点的定位

插入点指示将要录入的下一个字符所在的位置，通常也称为光标。在编辑文档中，有时需要不断地把插入点定位到文档相应位置上。要定位插入点，通常可使用鼠标来定位，或是使用键盘的编辑键来定位，也可使用定位对话框来定位。

(1)使用鼠标定位：在一般情况下，插入点的定位，用鼠标比较方便快捷。用鼠标左键单击文档中需要插入字符的位置，即可将光标定位到该处。向上或向下拨动鼠标的滚轮，可以方便地翻滚文本。

若编辑的文档较长，不能全部显示在当前的屏幕上。这时，可操作滚动条翻滚文本到要编辑的位置。使用滚动条翻阅文本时，若单击垂直滚动条上的"向上"(▲)或"向下"(▼)箭头，则文本向上或向下滚动一行；若单击垂直滚动滑块的上方或下方，文本则向上或向下滚动一屏；用鼠标左键按住滑块向上或向下拖动，可上移或下移若干页或若干行。当拖动垂直滚动滑块移动时，在滑块旁边会显示一个页码提示信息，以便用户了解文本移动的页数。

如果文档左右较宽，而显示区域较窄，则需要左右移动文本区。这时可使用水平滚动条上的滑块或箭头，向左或向右移动文本区。

(2)使用键盘定位：在编辑文档中，若能熟练地使用键盘的编辑键或组合键来定位插入点，也是很高效的。使用键盘定位插入点的常用快捷键如表 3.1 所示。

(3)使用"查找和替换"对话框来定位：选择"编辑"菜单中的"定位"命令，在弹出的"查找和替换"对话框中，选择"定位"选项卡，如图 3.11 所示。

表 3.1　键盘定位插入点（常用快捷键一览表）

按　键	插入点的移动
↑/↓/←/→	上/下/左/右移一个字符
Home/End	移到行首/行尾
Page Up/Page Down	上移/下移一屏
Ctrl＋←/Ctrl＋→	向左/向右移动一个词
Ctrl＋↑/ Ctrl＋↓	前移/后移到一段开头
Ctrl＋Home/ Ctrl＋End	移到文档开头/结尾
Shift＋F5	移到前一修订处

在这个对话框上选择相应的定位目标(如"页")，在"输入页号"文本框中输入相应的页号(带"＋"号表示向后，带"－"号表示向前)，单击"定位"按钮，即可将插入点定位到文档中的指定位置。在图 3.11 中，它所表示的是按"页"定位，每按一下"定位"按钮，插入点则向后移动 1 页。

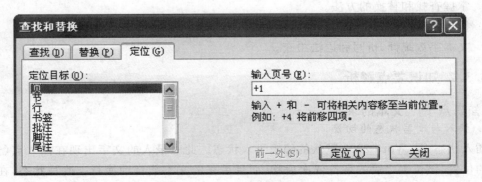

图 3.11　"查找和替换"对话框的"定位"选项卡

（4）使用"选择浏览对象"按钮定位：单击垂直滚动条下方的"选择浏览对象"按钮，弹出一个"浏览对象选项框"，如图 3.12。从中选择一个浏览对象（如"按图形浏览"），此后若再次单击垂直滚动条下方"前一张图形"或"下一张图形"按钮来配合使用，即可定位到文档中相应的图形对象上。

3. 中英文录入

在 Word 2003 中录入的文字，最常见的是中文和英文。

（1）中文录入：在录入中文时，需要使用中文输入法，常用的拼音输入法，如智能 ABC、搜狗拼音输入法等（这在第 1 章中已作介绍）。

（2）英文录入：启动 Word 2003 后，系统默认的输入状态是英文。这时，可用键盘直接输入英文的

图 3.12　选择浏览对象选项框

大小写文本。按键盘上的"Caps Lock"键，可实现英文字母的大小写切换。

（3）中、英文输入法的切换

①鼠标切换法：用鼠标左键单击任务栏上的"输入法指示器"，在弹出的输入法列表中选择需要的输入法。

②键盘切换法：用 Ctrl＋空格，实现中、英文输入法切换；或连续使用 Ctrl＋Shift 键，以实现不同输入法的轮换。

在录入文本过程中，只有在需要开始一个新的段落时，才按一次回车键。当按回车键后，会在段落的结尾处显示一个向左拐弯的箭头"↵"，这个符号称为段落标记。在段落标记中包含了所设置的段落格式信息。如需要显示或隐藏段落标记，可在"视图"菜单中选择或取消"显示段落标记"命令。

4. 断行与接行

一个 Word 文档一般都有若干个自然段，一个自然段称为一个段落。当输入文本到达一行的末尾，再继续输入时，插入点会自动调换到下一行的行首，引导用户继续键入的文字转到下一行上。如此反复，即形成一个包含多行文字的段落。

（1）断行：在编辑 Word 文档时，要把一个段落拆分为成两个段落，可以将插入点定位到要拆分的位置，然后按 Enter 键，即把原来的一段分为两段。这个操作称为断行。

（2）接行：在 Word 文档中，若要把相邻的两个段落合并为一个段落，可将插入点定位在前一段落的末尾，然后按 Delete 键，可把原来的两行合并为一行。这个操作称为接行。

5. 删除文本

（1）删除一个字符：可使用键盘上的 Delete 键或 Back Space 键。按一次 Delete 键，删除插入点右边一个字符。按一次 Back Space 键，删除插入点左边一个字符。

（2）删除一段文本：先选定要删除的文本，然后按 Delete 键或 Back Space 键。

知识点 2　插入操作

1. 插入符号

对于主键盘上的各种符号，同输入字母、数字一样，可以直接从键盘键入。对于键盘上没有的符号，Word 2003 提供了插入特殊符号的方法。常用的有使用输入法软键盘、使用"符号栏"和使用"符号"对话框等方法。

（1）使用中文输入法软键盘：用鼠标右键单击中文输入法软键盘小图标

（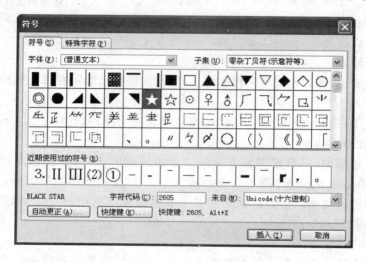），系统将弹出一个"软键盘"快捷菜单。从"软键盘"快捷菜单上选择一种需要的符号类别（如特殊符号），打开软键盘，进入软键盘输入状态。这时用鼠标指针指向软键盘上的符号，当鼠标指针变成"手"形时单击某个符号（如"◆☆★"），该符号即插入到文档中；这时若按键盘上的相应键，也可插入软键盘上的符号。插入操作结束，再次单击中文输入法上的软键盘小图标，即关闭软键盘。

（2）使用"符号栏"：在"视图"菜单中指向"工具栏"选项，在弹出的工具栏列表中，选择"符号栏"命令，弹出"符号栏"，这时即可从"符号栏"上选择插入所需要的符号。

（3）使用"符号"对话框：选择"插入"菜单中的"符号（S）…"命令，弹出如图 3.13 所示的"符号"对话框，在"符号"选项卡中选择相应的"子集"，单击所需要的符号，再单击"插入"按钮（或直接双击所需要的符号）。单击"符号"对话框上的"关闭"按钮，关闭"符号"对话框。

图 3.13 "符号"对话框

2. 插入数字

若要在文档中插入一些特殊的数字符号（如①、⑵等），可按"插入符号"条目中所介绍的类似方法来操作。

3. 插入日期和时间

在编辑文档过程中，有时需要插入当前日期和时间。其操作步骤如下：

步骤1：在文档中定位插入日期和时间的位置。

步骤2：选择"插入"菜单中的"日期和时间"命令，打开"日期和时间"对话框。

步骤3：在该对话框的"语言"下拉列表框中选择所用的语言，在"可用格式"列表框中选择要插入的日期和时间的格式。

步骤4：选择结束，单击"确定"按钮。日期和时间即插入到指定的位置。

若在设置"日期和时间"对话框时选中"自动更新"复选框，则在下次打开该文档时，所插入的日期和时间将自动更新。否则，日期和时间将不被更新。

4. 插入页码

页码用来标识文档的页序号。如要插入页码，可按如下步骤操作：

步骤1：选择"插入"菜单中的"页码"命令，打开"页码"对话框。

步骤2：在"页码"对话框的"位置"下拉列表框中选择页码的显示位置，在"对齐方式"下拉列表框中选择页码的对齐方式。如果首页要求显示页码，则需选中"首页显示页码"复选框；反之，则不选"首页显示页码"复选框。

另外，在此对话框中，若单击"格式"按钮，将打开"页码格式"对话框。可根据文档的需要，在此对话框中设置"页码格式"。

步骤3：设置完毕，单击"确定"按钮。即可把页码插入到文档的指定位置。

知识点3　插入与删除分隔符

分隔符是一些特殊的标记符号。在编辑 Word 文档过程中所插入的分隔符，也称人工分隔符。

1. 分隔符的种类

在 Word 文档中，分隔符通常包括分页符、分栏符和各种分节符等。

（1）分页符：在编辑 Word 文档时，每当文本（或图形）等内容写满了一页，Word 就会把文档自动分页，插入一个自动分页符，并开始下一页。但在实际中，有时在一页还未写满时，后面的内容需另起一页时，这时需要插入一个分页符。

（2）分栏符：Word 文档默认为一栏。但有时需要把文档排成两栏或三栏，若对文档的某些内容或段落进行了分栏设置，Word 会在文档的相应位置自动分栏。如果要使某一部分内容出现在下一栏的开始处，这时需要插入一个分栏符。

（3）节和分节符：节是文档的一部分，在其中可设置不同的页面格式。分节符是为表示节的结尾而插入的标记。可通过插入分节符在一页之内或两页之间设置文档的页面格式。

如未曾插入分节符，Word 会将整个文档视为一节。在普通视图下，分节符显示为包含有"分节符"字样的双虚线。在插入分节符后，将文档分成不同的节，然后可根据具体需要来设置每个节的页面格式。

2. 插入（人工）分隔符

现以插入分页符为例，插入分栏符、分节符的方法与插入分页符类似。其操作步骤如下。

步骤1：把插入点移到要分页的位置。

步骤2：选择"插入"菜单中的"分隔符"命令，打开分隔符对话框，如图 3.14 所示。

步骤3：在对话框的"分隔符类型"选项下，选中"分页符"（"分栏符"或"分节符"）单选项。

步骤4：单击"确定"，即插入一个分页符。

3. 删除（人工）分隔符

人工设置的分隔符在不需要时可以删除。如将文档切换到普通视图，即可以看到所插入的人工分隔符。在页面视图下，有时可能看不到人工分隔符，这时单击常用工具栏上的"显示/隐藏编辑标记"（　）按钮，即可显示/隐藏人工分隔符。要删除人工分隔符，先将插入点定位在人工分隔符的左端，然后按 Delete 键。

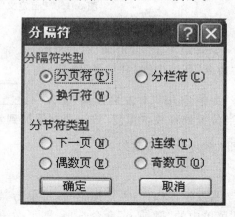

图 3.14　"分隔符"对话框

知识点 4　重复、撤销与恢复操作

在编辑文档的过程中，Word系统可以将用户的编辑操作记录下来，这一功能为用户编辑修改文档带来了许多方便。例如，在编辑过程中，当发现有误操作或需要重复多次相同的操作时，就可以利用重复、撤销或恢复的功能。

1. 重复操作

要重复最近一次的编辑操作，可选择"编辑"菜单中的"重复"命令。其中"重复"的含义会随新近操作的变化而不同。例如，先前刚做了插入一个数学公式的操作，这时该命令变为"编辑"菜单中的"重复插入对象…"命令，选择它则可以重复插入对象的操作。如果编辑菜单的该选项显示为"无法重复"，则表示这时不允许重复操作。

在编辑文档中，"重复"操作有时显得比较重要。这时可采用自定义方法，把"重复" ↻ 按钮拖放到工具栏上，以便随时使用。

自定义添加"重复" ↻ 按钮的操作方法如下。

步骤1：选择"工具"菜单中的"自定义"命令，打开"自定义"对话框，如图3.15所示。

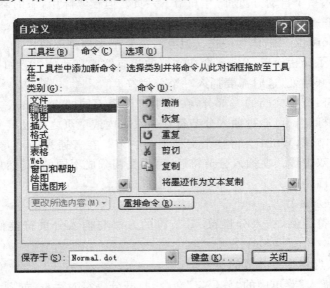

图 3.15　"自定义"对话框——添加"重复"按钮

步骤2：单击"自定义"对话框的"命令"选项卡，在"类别"列表中选择"编辑"，然后从右边的"命令"列表中找到"重复"选项。

步骤3：用鼠标左键按住"重复"（ ↻ 重复 ）图标不放，把它拖到"常用工具栏"的适当位置处释放，"重复"按钮即被添加到常用工具栏上。以后在需要"重复"操作时，只要单击此"重复" ↻ 按钮即可。

2. 撤销操作

当发生误操作，需要撤销时，可单击"常用"工具栏上的"撤销" ↶▾ 按钮，或是选择"编辑"菜单中的"撤销…"命令选项，即可撤销最近一次编辑操作。

单击"常用"工具栏上的"撤销"按钮上的下拉按钮，列表显示最近执行过的可以撤销的

操作,用户可以在该列表中选择撤销之前的多次操作。

3. 恢复操作

如果要恢复刚刚撤销的某一项操作,可以单击"常用"工具栏上的"恢复" 按钮,或选择"编辑"菜单中的"恢复…"命令,即可将其恢复。

单击"恢复"按钮旁边的下拉按钮,列表中显示最近执行的可恢复的操作,单击要恢复的项,即可将其恢复。

知识点 5　选定文本

选定文本,是复制、移动文本和设置文档格式的前提,也是编辑文档的基本功。选定文本的操作,包括使用鼠标选定文本、使用键盘选定文本和使用扩展模式选定文本等。

1. 使用鼠标选定文本

选定文本中相邻的若干字:从起始位置按下鼠标左键不放,拖到结束位置释放鼠标。

选定一个单词:双击该单词。

选定一行文本:将鼠标指针移动到该行的左侧,直到指针变为指向右边的箭头,然后单击。

选定一个句子:先按住 Ctrl 键,然后单击该句中的任何位置。

选定一个段落:将鼠标指针移动到该段落的左侧,直到指针变为指向右边的箭头,然后双击。或者在该段落中的任意位置三击。

选定多个段落:将鼠标指针移动到段落的左侧,直到指针变为指向右边的箭头,再单击并向上或向下拖动鼠标。

选定一大块文本:单击要选定内容的起始处,然后移动鼠标到选定内容的结尾处,接着按住 Shift 键再单击鼠标左键。

选定整篇文档:将鼠标指针移动到文档中任意位置正文的左侧,直到指针变为指向右边的箭头,然后三击。

选定一块垂直文本(表格单元格中的内容除外):按住 Alt 键,然后将鼠标拖过要选定的文本。

选定一个图形:单击该图形。

选定页眉和页脚:选择"视图"菜单上的"页眉和页脚"命令(或是双击暗灰色的页眉或页脚文字),然后拖动鼠标选定。在"页眉和页脚"的编辑状态下,其选定方法与用鼠标选定正文文本的方法相同。

2. 使用键盘选定文本

使用键盘选定文本的基本方法是按住 Shift 键,同时按键盘上能够移动插入点的某些编辑键。使用键盘选定文本的常用操作,如表 3.2 所示。

表 3.2　使用键盘选定文本的常用操作

操作键	选定文本范围
Ctrl＋A	全篇文档
Shift＋↑ / Shift＋↓	向上/向下一行
Shift＋→/Shift＋←	向右/左一个字符
Ctrl＋Shift＋←/Ctrl＋Shift＋→	到单词首/尾
Shift＋Home/ Shift＋End	到行首/尾

操作键	选定文本范围
Ctrl＋Shift＋↑/Ctrl＋Shift＋↓	到段首/尾
Shift＋Page Up / Shift＋Page Down	向上/下一屏
Ctrl＋Shift＋Home/Ctrl＋Shift＋End	到文档开头/结尾
先按 Ctrl＋Shift＋F8，释放后，再按方向键配合选定（按 Esc 取消该选定）	纵向文本块

3. 取消文本的选定状态

用鼠标单击文本区的某个位置。或按编辑键区的某一个键（如↑、↓、→、←等）。

知识点 6　复制和移动文本

在编辑文档时，经常需要进行剪切、复制、移动或粘贴等操作。剪切是把选定内容从文档中的原来位置上剪下，存放到系统的剪贴板中。复制是把选定的内容放入剪贴板中，文档的原来位置上的内容仍保留。移动是把选定的内容从文档中原来的位置上移动到文档中的其他位置上（或其他文档中）。粘贴是把存放在剪贴板中的内容取出，插入到当前文档的指定位置上。粘贴是与剪切、复制相配合进行的操作。

常用的复制或移动的方法：使用常用工具栏的工具按钮，使用编辑菜单中的命令选项，使用鼠标右键，使用键盘快捷命令，以及使用剪贴板等。

1. 使用工具栏按钮复制或移动文本

选定要复制或移动的文本（或图形），若要复制，则单击"常用"工具栏上的复制" "按钮；若要移动，则单击"常用"工具栏上的剪切" "按钮。将插入点移到新的位置（如果要将文本或图形复制或移动到其他文档中，应切换到目标文档的相应位置），单击"常用"工具栏上的粘贴" "按钮。

2. 使用菜单命令复制或移动文本

选定要复制或移动的文本，选择"编辑"菜单中的"复制"或"剪切"命令。将插入点移到新的位置，选择"编辑"菜单中的"粘贴"命令。

3. 使用键盘快捷命令复制或移动文本

选定要复制或移动的文本，按键盘命令：Ctrl＋C（复制），Ctrl＋X（剪切，移动时使用剪切）。将插入点移到目标位置，按键盘命令：Ctrl＋V（粘贴）。

4. 使用鼠标拖放，复制或移动文本

常用的有左键法和右键法两种。

（1）左键法：用鼠标选定要复制或移动的文本，执行下列操作之一。要移动文本，用鼠标左键拖动选定的内容到目标位置；要复制文本，按住 Ctrl 键不放，用鼠标左键拖动选定的内容到目标位置。

（2）右键法：用鼠标选定要复制或移动的文本，将鼠标指针指向选定区，稍后待指针变为向左箭头（ ）时，按住右键把选定内容拖放到目标位置，然后松开右键，此时屏幕弹出一个快捷菜单，在快捷菜单中选择一个需要的命令选项。

5. 使用剪贴板复制或移动文本

剪贴板是内存中的一块临时存放数据的区域。"剪贴板"通常与复制、剪切和粘贴命令相配合使用。当用户进行"复制"或"剪切"操作时，剪贴板则会把这些数据保留下来。当需要时,则可以把这个数据粘贴添加到文档中。

如果常用工具栏上的"粘贴"按钮(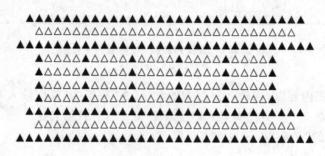)显现为可用状态,则表明"剪贴板"中至少保留了一个可用于"粘贴"的项目。"剪贴板"可以保存最近复制或剪切的 24 个项目。当复制第 25个项目时,"剪贴板"中的第一个项目将被清除。

查看"剪贴板"的方法是,选择"编辑"菜单,单击"Office 剪贴板"命令,则在任务窗格显示"剪贴板"中当前保留的项目(这时可对"剪贴板"中的有关内容进行"粘贴"或"删除"操作)。如不要显示"剪贴板",可单击任务窗格的关闭按钮。

学生上机操作:新建一个文档,先在文档中插入"▲ △"这两个符号,然后进行选定、复制、剪切与粘贴等操作,完成如图 3.16 所示的练习(可分别试用不同的方法)。并将文档以"复制和移动练习.doc"为文件名,保存在你的"计算机应用基础作业"文件夹中。

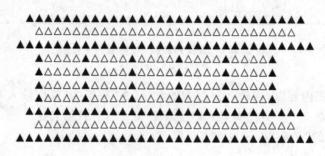

图 3.16　复制和移动练习示例

知识点 7　查找和替换

在 Word 文档中,可以查找和替换文字、格式、特殊字符等内容,也可以使用通配符和代码来扩展查找和替换的功能。

1. 查找和替换(常规)

(1)查找(组合键为:Ctrl+F)

步骤 1:选择"编辑"菜单中的"查找"命令。打开"查找和替换"对话框,如图 3.17 所示。

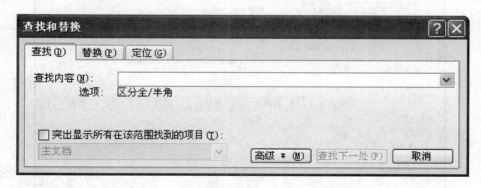

图 3.17　"查找和替换"对话框——查找

步骤 2:在"查找内容"框内键入要查找的文字。

步骤 3:单击"查找下一处",开始查找。

单击对话框上的"关闭"按钮或按 Esc 键,取消查找。

(2)替换(组合键为:Ctrl+H)

步骤1:选择"编辑"菜单中的"替换"命令。打开"查找和替换"对话框,如图 3.18 所示。

图 3.18 "查找和替换"对话框——替换

步骤2:在"查找内容"框内输入要搜索的文字,在"替换为"框内输入要替换的文字。

步骤3:单击"查找下一处""替换"或"全部替换"按钮,开始替换。

单击对话框上的"关闭"按钮或按 Esc 键,取消替换。

2. 查找和替换(高级)

查找和替换的高级形式,包括查找、替换或删除文字的特定格式或特殊字符等。例如,查找指定的字或词,并更改字体颜色;或查找指定的格式(如加粗等),并可更改或删除它;查找和替换指定的特殊字符(如段落标记等),并可更改或删除它。

查找和替换文字的特定格式或特殊字符的操作步骤如下。

步骤1:在"编辑"菜单上,单击"查找",打开"查找和替换"对话框,如图 3.19 所示(如果对话框如图 3.17,看不到"格式"按钮,这时单击"高级"按钮即可)。

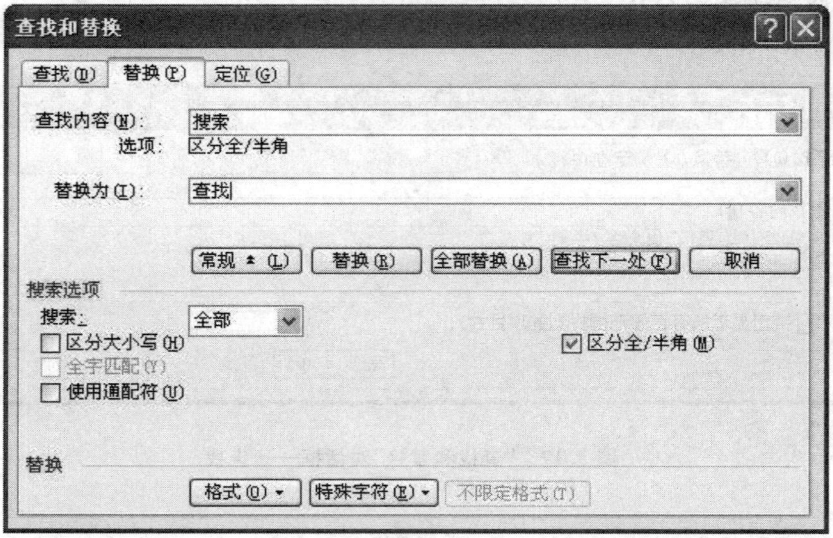

图 3.19 "查找和替换"对话框——高级

步骤 2：要设置"查找内容"的格式，或查找特殊字符，请执行下列操作之一。

①选择格式：如只搜索文字，而不考虑特定的格式，可直接输入文字；如要搜索带有特定格式的文字，先输入文字，再单击"格式"按钮，从列表中选择所用的格式，如图 3.20(1)所示。如只搜索特定的格式，应删除"查找内容"框中的文字，再单击"格式"按钮，从中选择所需格式。

②选择特殊字符：如果要选择特殊字符，应单击"特殊字符"按钮，如图 3.20(2)所示；从列表中选择所用的项目(或在"查找内容"框中直接键入项目的代码)。

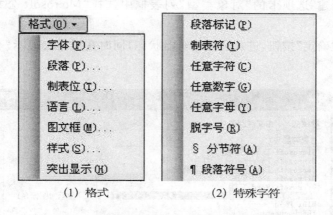

（1）格式　　　　　　　　（2）特殊字符

图 3.20　"查找和替换"对话框——高级(部分)

步骤 3：如要替换所查找的内容，需在"替换为"框输入替换内容。替换内容的"格式"和"特殊字符"的选择方法，跟"查找内容"的相关选择方法类似。

步骤 4：设置完成后，单击"查找下一处""替换"或"全部替换"按钮。

单击对话框上的"关闭"按钮或按 Esc 键，取消此次操作。如在下一次查找和替换时，不再需要所设置的特殊格式，应单击图 3.19 对话框上的"不限定格式"按钮。

学生上机操作。

(1)把《人脑与电脑》一文的第 2 和第 4 自然段中的"电脑"替换成"计算机"，"人脑"替换成"人的大脑"，并保存文档。

(2)打开文档"复制和移动练习 .doc"，把其中的如图 3.16 所示的图形复制成两个，然后用查找和替换命令把其中的一个修改成如图 3.21 所示，并保存文档。

★★★★★★★★★★★★★★★★★★★★★★★★★★★★★★★
☆☆☆☆☆☆☆☆☆☆☆☆☆☆☆☆☆☆☆☆☆☆☆☆☆☆☆☆☆☆
★★★★★★★★★★★★★★★★★★★★★★★★★★★★★★★
★☆☆☆☆☆☆☆☆☆☆☆☆☆☆☆☆☆☆☆☆☆☆☆☆☆☆☆☆★
★☆☆☆☆☆☆☆☆☆☆☆☆☆☆☆☆☆☆☆☆☆☆☆☆☆☆☆☆★
★☆☆☆☆☆☆☆☆☆☆☆☆☆☆☆☆☆☆☆☆☆☆☆☆☆☆☆☆★
★☆☆☆☆☆☆☆☆☆☆☆☆☆☆☆☆☆☆☆☆☆☆☆☆☆☆☆☆★
★★★★★★★★★★★★★★★★★★★★★★★★★★★★★★★
☆☆☆☆☆☆☆☆☆☆☆☆☆☆☆☆☆☆☆☆☆☆☆☆☆☆☆☆☆☆
★★★★★★★★★★★★★★★★★★★★★★★★★★★★★★★

图 3.21　查找和替换练习示例

知识点8　插入和编辑公式

要在 Word 文档中插入和编辑数学公式（例如，$L = 10\lg\dfrac{I}{I_0}$），则需要打开"公式编辑器"，在公式编辑状态下编辑公式。打开公式编辑器的操作方法如下。

步骤1：在文档中定位插入公式的位置。

步骤2：选择"插入"菜单中的"对象"命令，打开"对象"对话框。

步骤3：在"新建"选项卡的"对象类型"列表框中选择"Microsoft 公式 3.0"，如图3.22所示。

步骤4：单击"确定"按钮，进入公式编辑器状态，同时在屏幕上显示"公式"工具栏，如图3.23所示。

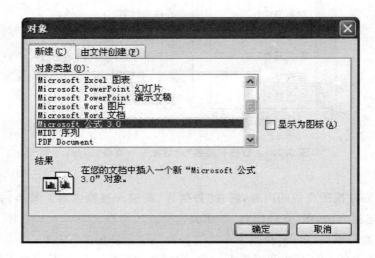

图 3.22　插入对象"公式编辑器"

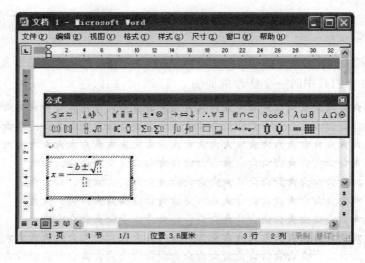

图 3.23　"公式编辑器"编辑状态

步骤5：从"公式"工具栏上选择所需要的符号。从第一行上可选择公式中常用的各种数学符号；从第二行上可选择编辑公式时常用的模板（如分式和根式模板、下标和上标等）。也可从键盘键入字母或数字。

步骤6：公式编辑完毕，单击公式编辑框外的空白处，即退出公式编辑，返回 Word 文档编辑状态，所编辑的公式即插入到文档中。

如要编辑修改已插入的数学公式，只要双击该公式即可切换到公式编辑状态。

在编辑文档中，如需经常使用公式编辑器，这时可以使用自定义添加"公式编辑器"的方法，把"公式编辑器"按钮拖放到工具栏上，以便随时使用。其操作步骤如下。

步骤1：选择"工具"菜单中的"自定义"命令，打开"自定义"对话框。

步骤2：单击"自定义"对话框的"命令"选项卡，在"类别"列表中选择"插入"，然后从右边的"命令"列表中找到"公式编辑器"，如图 3.24 所示。

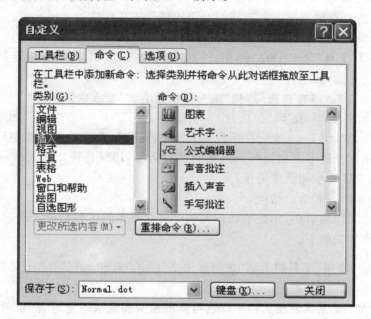

图 3.24　"自定义"对话框——添加"公式编辑器"按钮

步骤3：用鼠标左键按住公式编辑器图标"√α　公式编辑器"不放，把它拖到"常用工具栏"的适当位置处释放左键。

这样，即可将公式编辑器"√α"工具按钮添加到常用工具栏上。在需要时，只要单击该工具按钮，即可打开公式编辑器，进入公式编辑状态。

3.3.3 学生上机操作

创建一个文件名为："关于一元二次方程"的文档，使用公式编辑器，在文档中插入下面这个数学公式。

$$x = \frac{-b \pm \sqrt{b^2 - 4ac}}{2a}$$

并将文该文档保存在你的"计算机应用基础作业"文件夹中。

> **知识点 9   字数统计、拼写和语法检查**

1. 字数统计

要统计 Word 文档的字数,可用如下两种方法。

方法一:选择"工具"菜单,单击"字数统计"。

如果仅统计选定文本的字数,则需选定要统计的文本。如果未选定任何文本,Word 将统计整篇文档的字数。

方法二:选择"文件"菜单中的"属性"命令选项,在"属性"对话框中选择"统计"选项卡,从中可查看文档的行数、字数等统计信息。

2. 拼写和语法检查

Word 的拼写和语法检查功能,包括对英语的拼写和语法错误的检查、对中文词法和语法错误的检查,并可在输入文本时对拼写或语法错误进行标注。

(1)启用自动检查拼写和语法错误

步骤 1:选择"工具"菜单中的"选项"命令,在打开的"选项"对话框中选择"拼写和语法"选项卡。

步骤 2:选中"键入时检查拼写"和"键入时检查语法"复选框。

步骤 3:设置完毕,单击"确定"按钮。

如上设置后,Word 2003 就会在用户输入文本的同时,自动检查文档中可能存在的拼写和语法错误。用红色波形下划线标记可能的拼写问题,用绿色波形下划线标记可能的语法问题,以提醒用户进一步确认或更正。

(2)集中检查拼写和语法错误

是指在完成文档编辑后,用此法检查文档中可能存在的拼写和语法问题,然后逐条确认或更正。其操作方法如下。

步骤 1:单击"常用"工具栏上的"拼写和语法"(字)按钮(或选择"工具"菜单中的"拼写和语法"命令)。

步骤 2:当 Word 系统发现文档中存在可能的拼写和语法问题时,将显示一个"拼写和语法"对话框。根据对话框的提示信息,用户可选择在"拼写和语法"对话框中进行更改,或是直接到文档中进行改正。然后单击"拼写和语法"对话框上的"继续执行",查找下一个问题并进行适当的处理。

3.3.4 任务完成评价

在文档的基本编辑的学习过程中,应对选定文本、复制与移动文本等方法反复练习、熟练掌握。掌握查找和替换的方法对提高编辑文档的效率来说也是很重要的方面。

3.3.5 知识技能拓展

在编辑 Word 文档中,初学者一般都是满足于使用菜单命令和工具按钮来完成一些操作。这里特别指出,除了掌握使用菜单命令和工具按钮外,同学们还应重视练习并逐步掌握常用的键盘快捷命令的使用(如 Ctrl+S;Ctrl+C;Ctrl+X;Ctrl+V;Ctrl+F 等)。

3.4 任务四 文档的格式设置与排版

Word 2003 软件具有良好的格式设置与排版功能。包括字符格式、段落格式设置和版面设置等。运用这些格式设置与排版功能可使文档的版面布局更加美观。

下面以"人脑与电脑"等文档为例,学习格式设置与排版。

3.4.1 任务目标展示

1. 掌握设置字符格式的方法。
2. 掌握设置段落格式的方法。
3. 掌握格式刷的应用方法。
4. 熟悉项目符号和编号等其他格式设置的方法。
5. 掌握设置分栏、页眉和页脚的方法。

3.4.2 知识要点解析

知识点 1 设置字符格式

设置字符格式,主要包括字体、字形、字号和颜色等。Word 2003 的默认字体格式是"宋体""五号"字。在编辑中,可根据实际要求对文档的标题和正文等进行具体设置。

1. 设置字体

在 Word 2003 中可以通过"格式"工具栏和"字体"对话框来设置字体。

(1)用"格式"工具栏设置字体

步骤 1:选定需要设置字体的文本。

步骤 2:单击"格式"工具栏中的字体下拉按钮,从弹出的下拉列表中选择所需要的字体。

(2)用"字体"对话框设置字体

步骤 1:选定需要设置字体的文本。

步骤 2:单击的"格式"菜单下的"字体"命令,打开"字体"对话框,如图 3.25 所示。

步骤 3:在"中文字体"列表中选择需要的中文字体,在"西文字体"列表中选择需要的英文字体。

步骤 4:设置完毕,单击"确定"按钮。

2. 设置字形、字号和字体颜色

(1)使用"格式"工具栏设置

步骤 1:选定要设置字号的文本。

步骤 2:单击"格式"工具栏中的"字号"下拉按钮,从弹出的下拉列表中可选择所需的字号。单击"格式"工具栏中的"字形"下拉按钮,从弹出的下拉列表中选择所需的字形。单击"字体"工具栏中的"字体颜色"下拉按钮,从弹出的下拉列表中可选择所需要的字体颜色。

(2)使用"字体"对话框设置

步骤 1:选定要设置字号的文本。

步骤 2:单击"格式"菜单中的"字体"命令,打开"字体"对话框。

步骤 3:在"字形"列表框中选择需要的字形。在"字号"列表框中选择需要的字号。在"字体颜色"列表框中选择所需要的字体颜色。

图 3.25 "字体"对话框

步骤 4:设置完毕,单击"确定"按钮。

用如上类似的方法,还可对文字的下划线等其他格式进行相应的设置。

3. 设置上、下标

在编辑一些科技文章中,有时需要设置上、下标符号。

例如,要编辑这样一个数学公式:$x_1{}^2 + x_2{}^2 \geqslant 2\ x_1 x_2$。可用如下两种方法来实现。

(1)使用字体对话框

其操作步骤如下。

步骤 1:输入符号:x12+x22≥2x1x2

步骤 2:选定式中要设置下标的符号,如:x**1**2 + x**2**2 ≥ 2x**1**x**2**。

步骤 3:单击"格式"菜单中"字体"命令,在弹出的字体对话框中,选择"下标"复选框。

步骤 4:单击"确定"按钮。

重复上述的步骤 2~4,设置上标。操作如下:

步骤 2:选定式中要设置上标的符号,如:x 1**2**+ x 2**2** ≥ 2 x₁ x₂。

步骤 3:单击"格式"菜单中"字体"命令,在弹出的字体对话框中,选择"上标"复选框。

步骤 4:单击"确定"按钮。

这样,一个数学公式($x_1{}^2 + x_2{}^2 \geqslant 2\ x_1 x_2$)就设置好了。如果初学者不会一次性同时选定多个字符,也可逐一选定字符分别进行上下标设置。

(2)使用公式编辑器:当然,这时也可使用"公式编辑器"来编写这个数学公式:$x_1^2 + x_2^2 \geqslant 2\ x_1\ x_2$,与上面的结果对比一下,这样的效果或许会更好一些。

知识点 2 设置段落格式

Word 文档的段落,与通常意义的自然段类似。它是指以一个段落标记"↵"来结束的一段文本。为了增强文章版面的生动性和层次感,可根据需要来设置的段落格式。设置段落格式,一般包括缩进、对齐、行距和分页等。

1. 设置段落缩进

段落缩进,是指一个段落的左边、右边相对于左、右页边距缩进的距离。页边距是指页面上打印区域之外的空白空间。

(1)段落缩进的几种类型

①首行缩进:段落的第一行缩进,如中文的通常习惯是首行左缩进两个汉字。

②左缩进:整个段落的左边距页面左边距的距离。

③右缩进:整个段落的右边距页面右边距的距离。

④悬挂缩进:是指段落的第二行及后续行的缩进量大于首行的缩进量。如图 3.26 所示,是具有首行缩进和悬挂缩进效果的文本。

(2)设置段落缩进

使用"段落"对话框设置段落缩进格式的方法如下。

步骤 1:选定要设置段落缩进格式的段落。

步骤 2:单击"格式"菜单中的"段落"命令,打开如图 3.27 所示的"段落对话框"。

具有首行缩进效果的文本

具有悬挂缩进效果的文本

图 3.26 段落缩进示意图

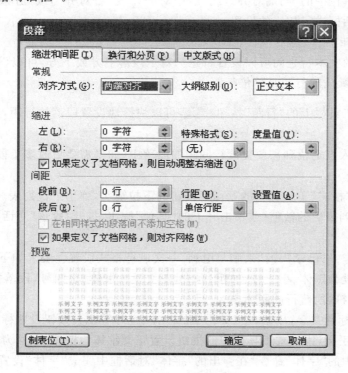

图 3.27 "段落"对话框

步骤 3：单击"特殊格式"的下拉按钮，在弹出的列表中选择"首行缩进"，然后在"度量值"数值框中设置缩进值，例如"2 字符"。

步骤 4：选择段落格式的其他设置选项，如缩进与间距选项卡，在缩进栏中选定或输入左、右缩进值等。

步骤 5：设置完毕，单击"确定"按钮。

2. 设置对齐方式

在 Word 文档中，常用页面视图，其页眉和页脚、栏和文本框等项目会出现在它们的实际位置上，与打印的效果一样。

（1）段落对齐方式的种类

①两端对齐：将所选定段落（除末行外）的每行的左右两边同时对齐，是 Word 默认的对齐方式。

②左对齐：将所选定文本或嵌入对象左边对齐（右边可以不齐）。

③右对齐：将所选定文本或嵌入对象右边对齐，左边可以不齐。

④居中对齐：将所选定文本或嵌入对象居中。

⑤分散对齐：通过调整字符间距，将所选段落的各行（包括末行）两端同时对齐。

例如，文档的标题常用居中对齐，正文段落常用两端对齐或左对齐，公文有落款时常用右对齐等。

（2）设置段落对齐方式：可以直接使用格式工具栏上的相应按钮进行设置，操作步骤是将插入点定位到需要设置对齐方式的段落中（如果需同时设置多个段落，应将这些段落选定），单击格式工具栏中的"两端对齐"，或"居中对齐"，或"右对齐"，或"分散对齐"按钮。也可使用"段落"对话框进行相应的设置。

3. 设置行间距

对每个段落的文本行之间可以设置行距。对于段落上方或下方，可以设置段前、段后间距。在 Word 中，默认的行距是单倍行距。

使用"格式"工具栏上的"行距"按钮，可以快捷地设置段落的行距，具体的操作步骤如下。

步骤 1：把插入点定位到需要更改行间距的段落中（如果需要更改多个段落，应将这些段落选定）。

步骤 2：单击"格式"工具栏上的"行距"按钮的下拉箭头，弹出下拉列表。

步骤 3：选择列表中的数值（或单击其上的"其他"按钮，打开"段落"对话框），更改所选段落的行间距。

学生上机操作：对已录入的"人脑与电脑"一文进行格式设置。要求如下。

将标题文字设为黑体、小三号、加粗、居中，正文设为楷体、小四号，段落格式设为两端对齐、首行缩进 2 字符、段落行间距为 1.25 行。

步骤 1：选定标题文字，用格式工具栏中的字体、字号等工具按钮设置标题文字。

步骤 2：选定正文，用格式工具栏中的按钮设置正文字体为楷体、字号为小四号字。或是选择"格式"菜单中的"字体"命令，在弹出的"字体"对话框中完成"字体"设置。

步骤 3：选择"格式"菜单中的"段落"命令，在弹出的"段落"对话框中设置段落格式。

在格式设置过程中及文档编辑完成后，及时保存文档。

知识点 3　　添加项目符号和编号

添加项目符号和编号可以增强文档版面的层次感,也可使文档的条理更清晰。项目符号和编号一般用于级次标题或段落之前。项目符号通常表示项目之间为并列关系;编号可以表示并列关系,也可以表示顺序关系。

1. 使用"项目符号和编号"对话框添加项目符号

选定要添加项目符号的段落,单击"格式"菜单中的"项目符号和编号"命令,在打开的对话框的"项目符号"选项卡中,选择需要添加的项目符号样式,单击"确定"按钮。

此后,如在文档中需使用相同的项目符号,也可单击格式工具栏上的"项目符号"按钮来添加项目符号。

2. 使用"项目符号和编号"对话框添加编号

选定要添加编号的段落,单击"格式"菜单中的"项目符号和编号",在打开的对话框的"编号"选项卡中,选择需要的编号样式,单击"确定"按钮。

此后,如在文档中需使用相同格式的顺序编号,也可单击格式工具栏上的"编号"按钮来添加编号。

知识点 4　　添加边框和底纹

在 Word 文档中,可以通过添加边框的方法来突出显示文本,以使其与文档的其他部分加以区别,也可以通过应用底纹的方法来突出显示文本。

1. 使用"边框和底纹"对话框添加边框

其操作方法是:选定需要添加边框的段落,打开"格式"菜单中的"边框和底纹"对话框,在"边框"选项卡的"设置"选项组中选择所需要的边框类型;在"线型"列表框中选择边框线型;在"颜色"下拉列表中选择边框线颜色;在"宽度"下拉列表框中设置边框线宽度;在"预览"区域内可以预览设置的边框效果,设置完毕后单击"确定"按钮。

2. 使用"边框和底纹"对话框添加底纹

其操作方法是:选定需要添加底纹的文本或段落,打开"格式"菜单中的"边框和底纹"对话框,在"底纹"标签下的"填充"栏中选择需要作为底纹的颜色;若需要添加底纹图案,可在"样式"下拉列表框中选择底纹图案样式,再在"颜色"下拉列表中选择所需要的底纹颜色;在"预览"区可看到底纹的效果,设置完毕后单击确定按钮。

知识点 5　　使用格式刷复制文本格式

使用格式刷复制文本的格式,是指将已设置的字符格式或段落格式应用到其他文本上。

使用"常用"工具栏中的"格式刷" 按钮复制应用字符和段落格式,可简化格式设置操作。其方法是:选定具备要复制格式的字符或段落,单击"常用"工具栏中的"格式刷"按钮,鼠标指针变为一个小刷子形状 ,这时拖动鼠标选择需要应用格式的文本,所选定格式即可应用到被选择的文本上。如果要将格式应用到文档的多个部分,应在选定具备要复制格式的字符或段落后双击"格式刷",然后依次选择需要应用格式的文本。完成后,单击"格式刷"按钮,或单击"保存"按钮,或按"Esc"键,结束此次格式刷的应用。

知识点 6　　设置分栏

在页面视图下,可对整篇文档或部分文档设置分栏,如两栏或三栏等。

其操作方法是:选定需要设置分栏的文本,在"格式"菜单中选择"分栏"命令,打开"分栏"对话框,如图 3.28 所示。在"预设"区内选择"两栏"或"三栏",在"宽度和间距"区中设置栏宽和栏间距,在预览区内查看设置分栏的效果,设置完毕单击"确定"按钮。

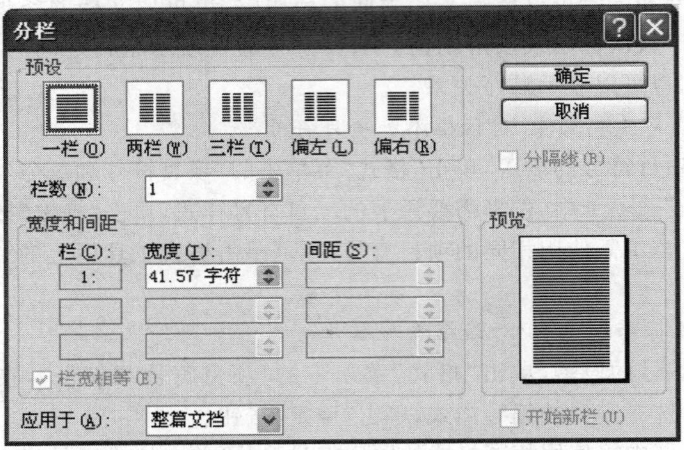

图 3.28 "分栏"对话框

知识点 7　设置页眉和页脚

页眉和页脚,是文档页面的顶部和底部的空白区域。可以在页眉和页脚中插入页码、页数、文档标题、日期和时间、作者姓名、图形、文件名等内容。打印时,这些信息会显示在文档的页眉和页脚上。

设置或编辑页眉和页脚的操作步骤如下。

步骤 1:单击"视图"菜单中的"页眉和页脚"命令,打开"页眉和页脚"工具栏并进入页眉和页脚编辑状态,如图 3.29 所示。

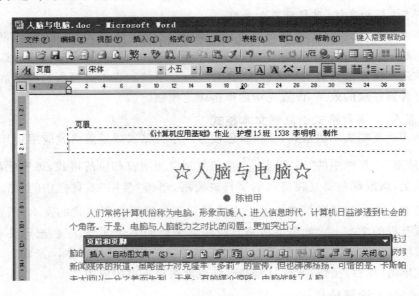

图 3.29　插入页眉和页脚示例

步骤 2:分别在页眉和页脚区域进行相应的编辑设置。

步骤3:编辑设置完毕,单击"页眉和页脚"工具栏上的"关闭"按钮。

3.4.3 学生上机操作

1. 打开前面学习中所保存的"人脑与电脑"一文,对正文部分进行分两栏设置,并及时保存文档。

2. 打开你的文档"人脑与电脑"及"复制与移动例文",在文档中插入页眉和页脚。如图3.29所示,页眉为"计算机应用基础 作业 ××班 ×××制作",页脚中可插入"×年×月×日"和"页码",并及时保存文件。

3.5 任务五 在文档中使用图形

在Word文档中可以插入多种图形。图形作为Word文档的一部分,可以增强文章的阅读效果,是对文字内容的重要补充。

3.5.1 任务目标展示

1. 掌握在文档中插入图片或图形的几种不同方法。
2. 熟悉在文档中绘制图形的方法。
3. 掌握在文档中使用艺术字的方法。
4. 熟悉在文档中应用文本框的方法。

3.5.2 知识要点解析

在Word文档中使用的图形,有图片和图形对象两种基本类型。一类是由其他软件所创建的图片,包括位图、剪贴画、以及来自扫描仪的图片和照相机的照片等;一类是可用Word软件自制而成的图形对象(简称图形),包括自选图形(一组现成的形状,如圆、矩形等)、图表、线条和艺术字等。如图3.30所示,它是Word 2003的"插入"菜单中的"图片"子菜单。在该"图片"子菜单中,其前3个命令选项用于图片,后5个命令选项用于图形对象。

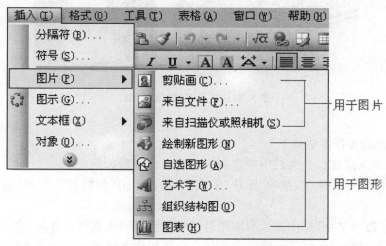

图3.30 "图片"子菜单中的命令

知识点 1　**设置图片和图形的插入/粘贴方式**

当在 Word 文档中插入图片或图形时,有时会发现它不能正常显示。例如,图片被文字遮挡,或是浮于文字之上,遮挡住了文字的显示。为了正确地显示所插入的图片或图形,用户需要适当地设置图片或图形的插入/粘贴方式。例如,设置以"嵌入型"方式插入图片和图形,使它能与文本一起移动;有时则是需要设置为"四周型"或是其他某种类型。

1. 设置图片的插入/粘贴方式

步骤 1:在"工具"菜单中单击"选项"命令,打开"选项"对话框。

步骤 2:在"选项"对话框中单击"编辑"选项卡。

步骤 3:在"图片插入/粘贴方式"框中,单击所需要的方式,如嵌入型(或四周型)。也可根据具体需要,选择其他类型。

2. 设置图形的插入/粘贴方式

步骤 1:在"工具"菜单中,单击"选项"命令,打开"选项"对话框。

步骤 2:在"选项"对话框中单击"常规"选项卡。

步骤 3:选中或清除"插入'自选图形'时自动创建绘图画布"复选框(若是将默认方式设为嵌入型,则选中该复选框;若是将默认方式设为浮动型,则不选该复选框)。

知识点 2　**插入图片**

1. 插入剪贴画

学生上机操作:试在"人脑与电脑"等文档中的适当位置处插入类似如图 3.31 所示的剪贴画。

插入任何类型的图形,都可以从"插入"菜单中的"图片"子菜单开始操作。

图 3.31　插入"剪贴画"示例

插入剪贴画的操作方法如下。

步骤 1:将插入点定位在文档中需要插入剪贴画的位置。

步骤 2:在"插入"菜单上,指向"图片"子菜单,然后单击"剪贴画",打开"剪贴画"任务窗格。

步骤 3:在"搜索文字"框中输入所需图片的关键字,如"人物""计算机"等。

步骤 4:单击"搜索"按钮开始搜索。在任务窗格的结果区域会显示所有匹配的剪辑。如图 3.32 所示。

步骤5:单击需要的某个剪辑,即可将它插入到文档中。

也可以用其他的方式插入剪辑,只要将鼠标指针移动到剪辑上,单击出现在剪贴画右边的向下箭头,再从下拉菜单中选择一个命令。如图3.33所示,若选择"插入",剪贴画即插入到文档中;如选择"复制"命令,然后需将插入点切换到文档中需要插入剪贴画的位置,再执行"粘贴"命令即可插入剪辑。

图 3.32 "剪贴画"任务窗格

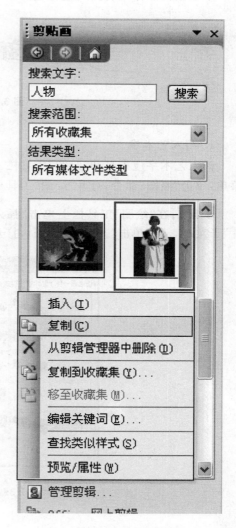

图 3.33 "剪辑管理器"窗口

2. 插入来自文件的图片

若插入来自扫描仪或照相机中的图片,应使用扫描仪或照相机附带的软件把图片转存到计算机上,然后把计算机存储器上的图片插入到文档中。

要把存储在计算机上的图片插入到文档中,其操作步骤如下。

步骤1:将插入点定位到要插入图片的位置。

步骤2:在"插入"菜单中,将鼠标指针移到"图片"上,单击"图片"子菜单上的"来自文件(F)…"命令,打开"插入图片"对话框。

步骤 3：在"插入图片"对话框中找到要插入的图片。

步骤 4：单击"插入"按钮，或双击要插入的图片。

知识点 3　　插入艺术字

艺术字是一种图形对象，在文档中合理地运用艺术字可以获得特殊的表现效果。

学生上机操作：试将"人脑与电脑"一文的标题应用艺术字修饰，如图 3.34 所示。

图 3.34　艺术字示例

1. 插入艺术字

插入艺术字应先打开"绘图"工具栏。其操作方法是：在"视图"菜单中，指向"工具栏"子菜单，单击"绘图"命令，打开"绘图"工具栏。然后按如下方法操作。

步骤 1：在"绘图"工具栏上单击"插入艺术字"按钮 （或是在"插入"菜单中指字"图片"子菜单，从中单击"艺术字"命令），打开如图 3.35 所示的"艺术字库"对话框。

图 3.35　"艺术字库"对话框

步骤 2：在"艺术字库"中，双击所需要的艺术字样式。打开"编辑'艺术字'文字"对话框。如图 3.36 所示，在"文字"文本框中，键入要插入的艺术字文字。

步骤 3：设置艺术字的字体、字号等选项后，单击"确定"退出。

2. 修改艺术字

要编辑修改艺术字，需单击选定要修改的艺术字，弹出"艺术字"工具栏。如图

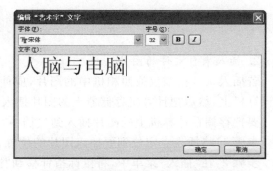

图 3.36　"编辑'艺术字'文字"对话框

3.37 所示,使用该工具栏上的按钮,可对艺术字进行相应的编辑修改。

图 3.37 "艺术字"工具栏

(1)更改艺术字样式:单击"艺术字库"按钮 ，,打开"艺术字库"对话框,从"更改'艺术字'样式"中选择设置所需要的样式。

(2)设置艺术字的格式:单击"设置艺术字格式"按钮 ，,打开"设置艺术字格式"对话框,对选定的艺术字进行格式设置。

(3)修改艺术字的形状:单击"艺术字形状"按钮 ，,打开艺术字形状列表,从中重新指定艺术字形状。

(4)修改文字环绕方式:单击"文字环绕"按钮 ，,打开"文字环绕方式"列表,从下拉列表中选择艺术字环绕方式(如"四周型环绕"等)。

(5)修改字符间距:单击"艺术字字符间距"按钮 ，,打开"字符间距"列表,从中设置选定的艺术字字符的间距。

3. 更改艺术字的效果

对已插入的艺术字,可从"视图"菜单的"工具栏"子菜单打开"绘图"工具栏。如图 3.38 所示,使用其上的工具按钮,可对艺术字的填充颜色、线条颜色、阴影样式、三维效果等进行修改。

图 3.38 "绘图"工具栏

单击"绘图"工具栏中的"填充颜色"下拉按钮 ，,从颜色列表中的设置艺术字的填充色;单击"绘图"工具栏中的"线条颜色"下拉按钮 ，,从颜色列表中设置艺术字的线条颜色;单击"绘图"工具栏中的"阴影样式"按钮 ，,从列表中选择艺术字的阴影样式;单击"绘图"工具栏中的"三维效果样式"按钮 ，,从列表中选择艺术字的三维效果样式。

知识点 4　绘制自选图形

自选图形是一组现成的图形,包括如矩形和圆等基本形状,以及各种线条和连接符、箭头总汇、流程图符号、星与旗帜和标注等。

1. 启用或不启用绘图画布

（1）启用绘图画布绘图：在 Word 文档中创建绘图时，默认情况下，在其四周会显示一个绘图画布。绘图画布作为一个区域，可在此区域上绘制图形。因为绘制的图形包含在绘图画布内，所以它可作为一个单元整体移动和调整大小。

启用绘图画布的方法是：单击文档中要创建绘图的位置，在"插入"菜单上指向"图片"，单击"绘制新图形"。此时，绘图画布即插入到文档中，并同时打开了"绘图"工具栏。

选定绘图画布，单击"格式"菜单的"绘图画布"命令，打开"设置绘图画布格式"对话框，从中可以设置绘图画布的格式。

（2）不启用绘图画布绘图：用户可以使用"绘图画布"来绘制图形，也可不使用绘图画布而直接在文档的适当位置的空白区添加绘制图形。

单击视图菜单，指向工具栏，从中选择"绘图"选项，打开"绘图"工具栏。这时，使用"绘图"工具栏上的不同工具按钮，可向文档中添加所需要的图形。

2. 绘制图形

（1）绘制直线：单击"绘图"工具栏中的直线 ╲ 工具，将插入点移到页面某一适当位置，拖动鼠标，可画出各种倾斜角度的直线。

（2）绘制矩形（正方形）或椭圆（圆）：单击在"绘图"工具栏上矩形工具 ▭ 或椭圆工具 ⬭ ，将插入点移向页面中某一适当位置，拖动鼠标，画出矩形或椭圆（按住 Shift 键，拖动鼠标可画出正方形或圆）。

（3）绘制基本形状图形：单击"绘图"工具栏中的"自选图形"按钮，从弹出的自选图形列表中指向"基本形状"，在弹出的基本形状列表中选择所需要的图形形状，将插入点移到页面中某一适当位置，拖动鼠标，画出长方体（或按住 Shift 键，拖动鼠标可画出立方体，如图 3.39 上部的立方体）。

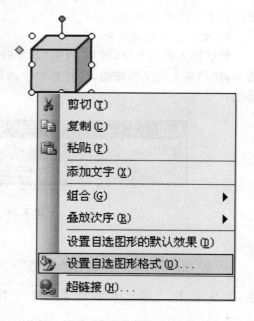

（4）在图形中添加文字：在 Word 文档中，可以在绘制的自选图形中添加文字。其操作方法是：在文档中绘制一个所需要的图形，然后在图形上单击鼠标右键，从弹出的快捷菜单中选择"添加文字"命令，这时图形中出现插入点，这时就可向图形添加文字了。

3. 设置绘制图形的格式

要设置图形的格式，单击选定图形，接着按右键（图 3.39），从弹出的快捷菜单中，选择"设置自选图形格式"，打开"设置自选图形格式"对

图 3.39　选择"设置图形格式…"

话框，如图 3.40 所示。从中可设置自选图形的颜色与线条、大小、版式等格式。

若要把已设定的图形格式设为默认格式，可在如图 3.39 的快捷菜单中选择"设置自选图形的默认效果"。此后，如再绘制其他自选图形时，将继续沿用这种图形格式。

4. 删除图形

单击选定要删除的那个图形，然后按"Delete"键。

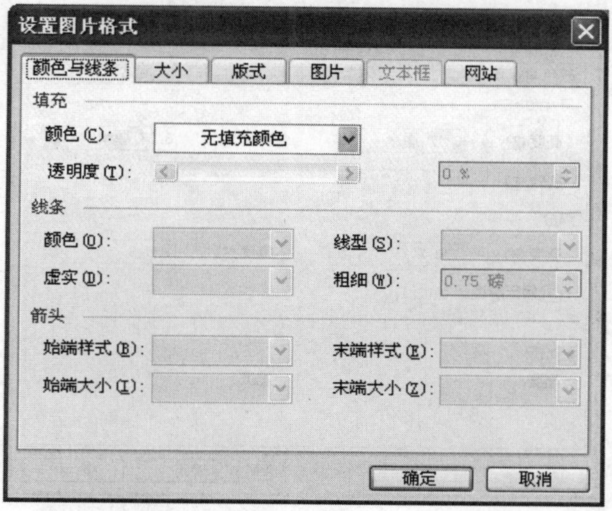

图 3.40　"设置自选图形格式"对话框

知识点 5	插入文本框

文本框是一种可以移动、可调大小的容纳文字或图形的方框。使用文本框,可以在一页上放置若干个文字块,或是使文字块按与文档中其他文本不同的方式排列。

1. 插入文本框

若要对文档中的图片添加文本框,先单击要添加文本框的图片,再在"插入"菜单中选择"文本框",然后从出现的次级菜单中单击"横排",这样文本框即添加到图片上。

也可在文档中直接插入横排或竖排的文本框。在"插入"菜单上选择"文本框",从出现的次级菜单中单击"横排"或"竖排",在页面上单击并拖动鼠标即可绘制出文本框。然后,即可在文本框中输入文字或插入其他对象。

2. 改变文本框的大小

(1)使用鼠标调整大小:单击需要改变大小的文本框边框,这时文本框四周会出现 8 个句柄,将鼠标指针移到句柄上,当鼠标指针变为双向的箭头时,拖动鼠标即可调整文本框的大小。

(2)使用对话框调整大小:在需要调整大小的文本框边框上双击鼠标左键,打开如图 3.41 所示的"设置文本框格式"对话框。在对话框"大小"选项卡下的"尺寸和旋转"栏中设置文本框的"高度"和"宽度";或在"缩放"栏中设置"高度"和"宽度"的百分比。设置完毕,单击"确定"按钮。

3. 设置文本框格式

双击需要更改格式的文本框边框,打开"设置文本框格式"对话框(见图 3.41)。从中选择"颜色与线条"选项卡,可对文本框的填充颜色、线条颜色、线型及线条粗细等进行设置;选择"版式"选项卡,可对文本框的环绕方式、文本框的位置及水平对齐方式等进行设置。

3.5.3 学生上机操作

试对"人脑与电脑"文档中的所插入的图片添加文本框,并按实际需要调整文本框的大

图 3.41　"设置文本框格式"对话框

小,设置文本框的格式,以及对图片添加图注。

3.5.4　任务完成评价

通过前面有关任务的执行,在学习和操作过程中,我们学会了怎样创建和正确地保存 Word 文档,怎样设置文档的格式和排版,以及怎样插入和使用公式对象图形和艺术字等。初步领会了 Word 2003 强大功能。但这些还远远不够,还有更多的东西,等待着我们去挖掘。

3.5.5　知识技能拓展

试用 Word 2003 创办一期你班级的学习园地。

3.6　任务六　制作 Word 表格

Word 2003 的表格处理功能也很强大,这里主要学习创建和编辑表格,排序和计算,统计处理表格数据等。

3.6.1　任务目标展示

1. 掌握在文档中创建表格和编辑表格的方法。

2. 在表格中使用公式和常用函数。

3. 如图 3.42 所示,制作一张课程表,对该表进行编辑和格式设置。创建一份班级成绩单表格,对表格中数据进行一些常用的统计处理。

3.6.2 知识要点解析

知识点 1　**创建表格**

1. 使用"插入表格" ⊞ 工具按钮创建表格

如图 3.43 所示，要创建一个 4 行 6 列的表格。操作方法如下。

	星期\n节次	一	二	三	四	五
第 1、2 节		语文	计算机	化学	英语	解剖
第 3、4 节		解剖	英语	体育	自习	生物
第 5、6 节		物理	自习	语文	数学	计算机

学号	姓名	语文	数学	微机	总分	平均
1001	李明明	69	68	82	219	73.0
1002	赵珊珊	87	90	76	253	84.3
1003	王娜娜	83	78	75	236	78.7
1004	胡娟娟	77	81	90	248	82.7
1005	刘小文	85	77	79	241	80.3

图 3.42　课程表、成绩单表格示例　　　　　图 3.43　"插入表格"示例

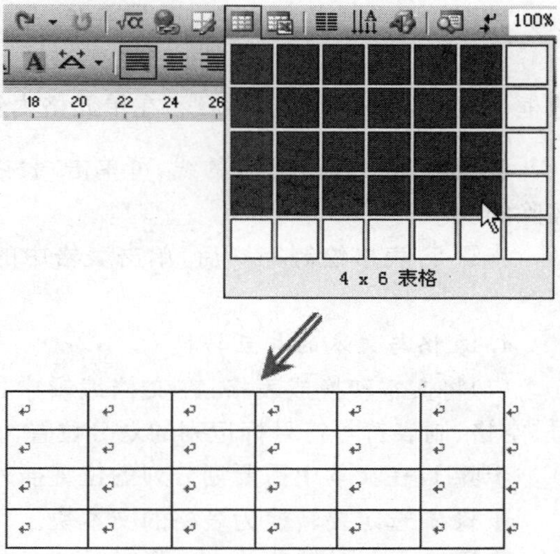

步骤 1：在文档中单击要创建表格的位置（初学者要特别重视这一步）。

步骤 2：单击"常用"工具栏上的"插入表格" ⊞ 按钮。

步骤 3：在弹出的列表中拖动鼠标，选定所需要的行、列数，释放鼠标。

2. 使用"插入表格"对话框创建表格

步骤 1：在文档中单击要创建表格的位置。

步骤 2：在"表格"菜单上指向"插入"选项，从中单击"表格"命令，打开"插入表格"对话框。

步骤 3：在"插入表格"对话框中确定表格的列数和行数。

步骤 4：如要使用套用格式，可单击"自动套用格式"，从打开的"表格自动套用格式"对话框中选择表格的"类别"和"表格样式"。

步骤 5：操作完毕，单击"确定"按钮。

3. 使用"表格和边框"工具栏绘制表格

对于行、列不规则的表格，也可使用"表格和边框"工具栏的工具来绘制表格。

步骤 1：在"常用"工具栏上，单击"表格和边框" ▦ 按钮（或从"表格"菜单中单击"绘制表格"命令），打开"表格和边框"工具栏，如图 3.44 所示。

步骤 2：单击"表格和边框"工具栏上的"绘制表格"按钮，鼠标指针变形为一个"铅笔" ✎ 。

步骤 3：先用鼠标在绘制表格位置从左上角拖到右下角绘制一个矩形表格边框，然后在

图 3.44 "表格和边框"工具栏

边框内绘制表格的行线和列线,在单元格内斜向拖动鼠标可绘制斜线。

步骤 4:如要清除多余的线,可单击"表格和边框"工具栏上的"擦除"![擦除]按钮,再单击要擦除的线。

步骤 5:表格绘制完毕后,单击表格中的某一单元格,即可向表格输入文字或插入图形了。

4. 表格与文本的相互转换

(1)将文本转换成表格:在文档编辑中,也可将文本转换成表格。在转换时,应使用逗号、空格、制表符等符号标记列的划分位置。

步骤 1:在文本中需要划分列的位置插入符合要求的符号(如空格)。

步骤 2:选定要转换为表格的文本块。

步骤 3:在"表格"菜单中选择"转换"子菜单中的"文本转换成表格"命令,打开"将文本转换成表格"对话框,如图 3.45 所示。

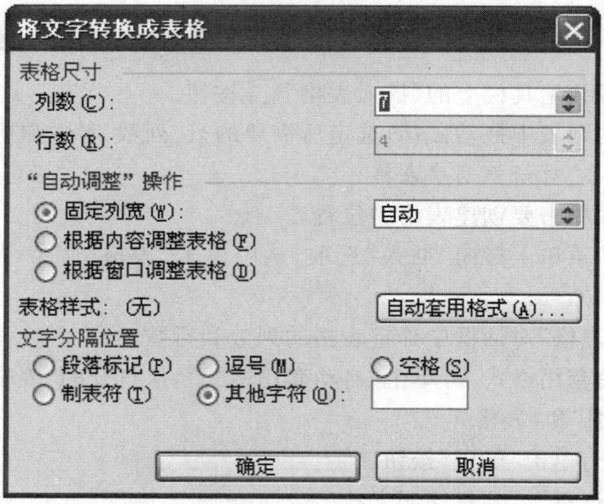

图 3.45 "将文字转换成表格"对话框

步骤 4:在"将文本转换成表格"对话框中,视具体情况指定"表格尺寸"下的列数和行数,在"文字分隔位置"下指定所用的分隔符号(如空格或其他字符)。

步骤 5:设置完毕,单击"确定"按钮,文本即转换成表格。

(2)将表格转换成文本:在 Word 2003 中,可以实现文本与表格的相互转换。上面已经讲了将文本转换成表格的方法,下面介绍把表格转换成文本。

选定要转换为文本的表格,选择"表格"菜单中的"转换"子菜单,单击其中的"表格转换成文本"命令,打开"将表格转换成文本"对话框,在"文字分隔符"下,单击所用的字符,作为替代列框的分隔符,然后单击"确定"按钮,即可实现这种转换。

学生上机操作:创建一个新文档,保存文件名为"表格制作练习",在文档中创建两个表格(参照如图 3.42 中的示例)。

(1)创建一个 6 列 4 行的表格,制作一张简易课程表。

(2)创建一个 7 列 11 行的表格,制作一份某班级的成绩单,总分、平均可暂不计算。

(3)用上面所创建的成绩单练习表格与文本的相互转换。

知识点 2　编辑修改表格

1. 选定表格及单元格区域

(1)选定整张表格:在页面视图下,单击表格的移动控点(或用鼠标拖过整张表格)。

(2)选定一个单元格:单击单元格的左边框(或用鼠标三击该单元格)。

(3)选定一行:鼠标移至该行的左侧,当指针变成向右箭头 ⟋ 时,单击鼠标。

(4)选定一列:鼠标移至该列的顶端,当指针变成向下箭头 ↓ 时,单击鼠标。

(5)选定多个单元格、多行或多列

①选定连续的区域:用鼠标拖过要选定的单元格区域、行或列。

②选定不连续的区域:单击所需的第一个单元格、行或列,然后按住 Ctrl 键不放,再分别单击要选定的下一个单元格、行或列。

2. 移动和缩放表格

(1)移动表格:单击表格,将鼠标指针移向表格左上角的"移动控点" ⊞ ,按住鼠标左键拖动到文档中的适当位置处释放鼠标。

(2)缩放表格:单击表格,使表格处于编辑状态。将鼠标指针指向表格右下角的"尺寸控制点"上,当鼠标指针变成斜向双箭头时,按住鼠标左键拖动表格的边框即可将表格缩小或放大。

3. 改变表格的列宽和行高

改变表格的列宽和行高有多种方法,下面介绍其中较常用的两种方法。

(1)使用表格框线:将鼠标移到表格的列(或行)的框线上,当指针变为左右方向的双箭头 ⁤‖⁤ (或上下方向的双箭头 ⯬)时,按住鼠标拖动框线至所需要的列宽(或行高)。

(2)使用"表格属性"对话框:选定需要改变尺寸的列(或行),单击"表格"菜单中的"表格属性"命令,打开"表格属性"对话框,在"表格属性"对话框中,可在"列"选项卡(或"行"选项卡)下,设置列宽(或行高),设置完毕单击"确定"按钮。

4. 在表格中插入行或列

在已有的表格中可以插入行或列,也可以插入表格或单元格。将插入点定位到要插入行或列的单元格,选择"表格"菜单中的"插入"命令,然后从下拉菜单列表中选择所需选项,即可将行或列插入到表格的指定位置。

5. 拆分单元格与合并单元格

(1)拆分单元格:是指将表格中一个或多个单元格拆分成多列或多行单元格。

步骤 1:在单元格中单击,或选定要拆分的单元格。

步骤2:在"表格"菜单中单击"拆分单元格"命令,或单击"表格和边框"工具栏中的"拆分单元格" 按钮。

步骤3:在弹出的"拆分单元格"对话框中,选择需要拆分成的列数和行数,然后单击"确定"按钮。

(2)合并单元格:是指将同一行或同一列中的两个或多个单元格合并为一个单元格。

选定要合并的单元格,在"表格"菜单中单击"合并单元格"命令,或单击"表格和边框"工具栏上的"合并单元格" 按钮。

6.设置单元格对齐方式

单元格中文本的对齐方式有"靠上两端对齐"等9种。设置的方法如下。

步骤1:选定单元格区域(或全表)。

步骤2:在所选区域上单击鼠标右键,在弹出的快捷菜单中,将鼠标指向"单元格对齐方式"选项上,在弹出对齐方式列表中选择要设置的对齐方式,如图3.46(1)。此"步骤2",也可通过打开"表格和边框"工具栏,然后从中进行相应的设置,如图3.46(2)。

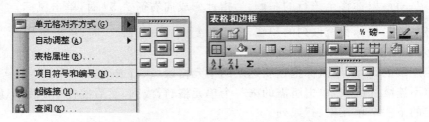

(1)使用右键快捷菜单 (2)使用表格和边框工具栏

图3.46 设置单元格对齐方式

7.设置表格边框和底纹

对表格添加边框和底纹,可增强表格的表现效果。要设置表格边框和底纹,需要打开"表格边框和底纹"对话框,其操作方法如下。

步骤1:选定需要添加边框的表格或单元格。

步骤2:选择"格式"菜单中的"边框和底纹"命令,打开"边框和底纹"对话框,如图3.47所示。

步骤3:在"边框和底纹"对话框中进行相应的设置。

在"边框和底纹"对话框中有"边框""页面边框"和"底纹"3个选项卡。

若选择"边框"选项卡,可以为表格或单元格添加边框。在"设置"区中,可选择边框的类型;在"线型"列表框中,可对边框选用单线或双线或波浪线等不同的线型;在"颜色"列表框中,可选择表格边框的颜色;在"宽度"列表框中,可选择表格边框线的宽度;在"应用于"列表框中,可选择当前设置的应用范围。

若选择"页面边框"选项卡,可以为文档中每页的一边或所有的边添加边框,也可以只对某节中的页面、首页或是除首页以外的页添加边框。

若选择"底纹"选项卡,可以用底纹来填充表格的背景。

知识点3 表格数据的计算与排序

Word对表格数据的处理,主要包括求和、使用函数和排序等操作。在Word文档中,表

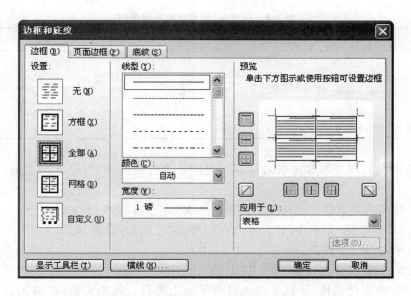

图 3.47　"边框和底纹"对话框"边框"选项卡

格数据的计算一般需要采用手动计算来完成。如遇比较复杂的计算,一般考虑使用 Excel 来完成,这将在第 4 章中学习。

1. 自动求和

可以使用"自动求和"按钮(∑)来快速地计算一行或一列中数值的总和。单击"常用工具栏"上的"表格和边框"按钮 ![按钮],打开"表格和边框"工具栏。将插入点定位到需要填写求和结果的单元格中,单击"表格和边框"工具栏上的"自动求和"按钮 **Σ** 即可。

2. 使用函数

Word 2003 提供了多种常用函数,用来完成对表格数值的运算。

(1)几个常用函数:在表 3.3 中,列出了在 Word 表格计算中的常用函数。

表 3.3　常用函数及功能

函数	功能	函数	功能
SUM()	求和	ABS()	求绝对
AVERAGE(0)	求平均值	INT()	求整
MAX()	求最大值	PRODUCT()	求积
MIN()	求最小值值	ROUND()	四舍五入

现以求和函数 SUM()为例,对函数的使用进行简要说明。关于此函数的参数,分别有 3 种:(LEFT)表示左边,(ABOVE)表示上面,(RIGHT)表示右边。例如,=SUM(LEFT),它是指对当前单元格左边的单元格求和;=SUM(ABOVE),是指对当前单元格上面的单元格求和;=SUM(RIGHT),是指对当前单元格右边的单元格求和。

(2)常用函数应用举例:下面通过如表 3.4 所示的成绩单,对"总分"与"平均"进行计算,来说明常用函数的使用方法。

表 3.4　成绩单(常用函数应用示例)

学号	姓名	语文	数学	微机	总分	平均
1001	李明明	69	68	82	219	73.0
1002	赵珊珊	87	90	76	253	84.3
1003	王娜娜	83	78	75	236	78.7
1004	胡娟娟	77	81	90	248	82.7
1005	刘小文	85	77	79	241	80.3

①求和(总分):现用求和函数来计算"总分"。为方便操作,可自下而上进行求和计算,操作如下。

步骤 1:将插入点定位在表格"总分"列中的 F6 单元格(即刘小文的总分)。

步骤 2:单击"表格"菜单中的"公式"命令,弹出"公式"对话框,如图 3.48。

步骤 3:单击"确定"按钮。

用以上方法,依次分别计算 F5~F1 的值。

②求平均:为方便操作,计算平均也可自下而上进行。特别强调,在编辑公式时一定要用英语输入法。

步骤 1:将插入点定位在表格"平均"列中的 G6 单元格(即刘小文的平均)。

步骤 2:单击"表格"菜单中的"公式"命令,弹出"公式"对话框。

步骤 3:在公式编辑框中编辑公式。计算平均的公式可有多种方法来构造。如:＝AVERAGE(c6:e6);或用公式:＝SUM(LEFT)/6(想一想,这里为什么要除以 6?);或用公式:＝F6/3;或用公式:＝(c6＋d6＋e6)/3。

在"数字格式"下拉列表中选择保留小数的位数,如保留一位小数应设为:0.0,如保留两位小数应设为:0.00,如图 3.49 所示。

图 3.48　求和函数应用示例　　　　图 3.49　求平均函数应用示例

步骤 4:单击"确定"按钮。

用以上方法,依次分别计算 G5~G1 的值。

3. 表格数据的排序

利用 Word 表格的排序功能,可以根据表格的某一列或某几列数据的特征对表格数据进行排序。

将光标定位到需要排序的表格中,单击"表格"菜单中的"排序"命令,弹出"排序"对话框,如图3.50所示。可以分别选择"主要关键字","次要关键字",选中按"升序"或"降序"单选按钮,然后单击"确定"。

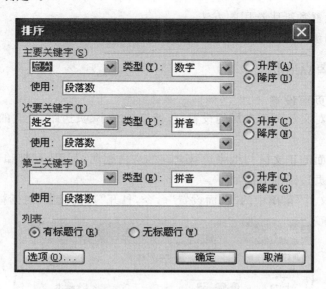

图3.50　"排序"对话框

3.6.3　学生上机操作

　　打开前面保存的文件"表格制作练习",计算成绩单表格中的"总分"和"平均",如表3.4成绩单所示,操作中要注意及时保存。

　　在成绩单中,分别按各门单科成绩、总分或平均进行排序,并观察排序后表格的变化情况。

3.6.4　任务完成评价

　　通过表格计算的学习,我们学会了怎样使用函数来创建数学公式。学习函数的使用,应在理解的基础上,力求做到举一反三,融会贯通。在学习中,对于某个计算,同学们不妨多尝试几种方法,这对掌握函数的功能,理解数学知识等,都具有重要意义。

3.6.5　知识技能拓展

　　1. 如果你已经掌握了上面介绍的求和与计算平均的方法,再想一想还有别的方法吗?

　　2. 在成绩单表格的右侧,插入一列(或几列),然后试计算某门课的、总分或平均的最高分、最低分。

　　3. 在掌握了常用函数的基本用法以后,别忘了试一试"重复" 按钮的奇妙功能。

3.7　任务七　页面设置与打印文档

　　前面我们学习了使用 Word 2003 编辑文档的方法。一个文档编辑、排版完成后,一般要用打印机并选用合适的纸张打印出来。要打印文档，就要进行页面设置。

3.7.1 任务目标展示

1. 掌握页面设置和纸张选用的方法。
2. 文档的打印预览和打印输出。

3.7.2 知识要点解析

知识点 1　页面设置

页面设置是指对文档页面布局的设置，包括纸张大小、页边距、版式的设置等。

1. 设置页边距

页边距是指页面的正文区与纸张边缘之间的空白距离，页眉、页脚和页码等信息都设置在页边距中。设置页边距的方法如下。

步骤 1：选择"文件"菜单中的"页面设置"命令，打开"页面设置"对话框，如图 3.51 所示。

图 3.51　"页面设置"对话框

步骤 2：在"页边距"选项卡中设置文档的上、下、左、右页边距的值。

步骤 3：在"应用于"下拉列表中选择页边距的应用范围。接着设置纸张，或单击"确定"。

2. 设置纸张大小

Word 默认的纸张大小为 A4。可以根据打印要求来设置纸张的具体尺寸。

步骤 1：选择"文件"菜单中的"页面设置"命令，打开"页面设置"对话框。

步骤 2：从"纸张"选项卡中，选择"纸张大小"的类型或指定纸张的宽度和高度。

步骤 3：设置完毕，单击"确定"。

知识点 2　打印预览

在打印前,可以使用"打印预览"来查看文档的打印效果。其操作方法如下。

打开文档,单击"常用"工具栏上的"打印预览"按钮,或从"文件"菜单中选择"打印预览"命令,显示"打印预览"窗口,从中可以查看文档的排版和打印输出效果,要退出打印预览,可单击"打印预览"工具栏上的"关闭"按钮。

在预览中,如发现文档的编辑排版存在不足之处,可以返回编辑窗口进行修改。

知识点 3　打印文档

一篇文档经过录入编辑、格式排版、页面设置,以及打印预览满意后,就可以进行打印了。打印文档的操作方法如下。

步骤 1:从"文件"菜单中选择"打印"命令,弹出"打印"对话框,如图 3.52 所示。

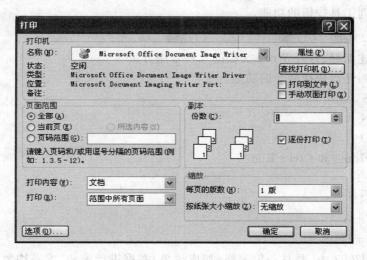

图 3.52　"打印"对话框

步骤 2:在"名称"下拉列表框中选择所使用的打印机。

步骤 3:在"页码范围"栏中选择打印范围,如果要打印整篇文档,则选择"全部";如果只打印当前页,则选择"当前页";如果选择"页码范围",需要在其后面的文本框中指定打印的页码范围。

步骤 4:在"份数"数值框中输入要打印的文档份数。

步骤 5:如果按双面打印,可以单击"打印"框下拉列表,从中选择"奇数页"或"偶数页"。

步骤 6:设置完毕,单击"确定"按钮,即开始打印。

3.7.3　学生上机操作

打开已保存的文件,如"人脑与电脑""个人简历""表格制作练习"等文档,进行页面设置和打印预览练习,操作中要注意及时保存。

3.7.4　任务完成评价

通过 Word 2003 软件的学习,我们掌握了文档的基本编辑方法,格式排版设置,图形的使用,表格的制作,以及在表格中使用函数和公式等。这些方法是计算机应用中必备的知识和技能,也是进一步学习计算机和其他应用软件的基础。这些知识和技能,也是大家学习、生活和工作中必不可缺的基本功,同学们在学习和应用中要引起足够的重视。

3.7.5 知识技能拓展

1. 用 Word 2003 起草一份某机关部门的文件。
2. 用 Word 2003 编辑制作一篇具有文、图、表混排的文章。

(张伟建　孙薇薇)

本章习题

1. 说出下列工具按钮的功能。

(1) ▯　(2) ▣　(3) ▣　(4) ▣　(5) ▣　(6) ▣

2. 分别简述保存、打开 Word 文档的几种常用方法。

3. 说出下列键盘快捷命令的功能。

(1) Ctrl+S

(2) Ctrl+N

(3) Ctrl+O

(4) Ctrl+Home 和 Ctrl+End

(5) Ctrl+F1

(6) Alt+F4

(7) Alt+F+A

(8) Alt+F+U

4. 在 Word2003 中,要对一份表格(如成绩单)数据进行求和、求平均数,分别有哪几种常用的方法?

5. 试将"重复" ↻ 按钮和"公式编辑器"按钮 $\sqrt{\alpha}$ 拖放到常用工具栏上,以便随时使用。

第 *4* 章

Excel 2003 电子表格软件

Excel 2003 是一款功能强大的电子表格处理软件。与 Word 2003 一样，它也是 Office 2003 系列办公软件中的重要成员之一。Excel 2003 具有强大函数和公式计算能力，不仅能对表格数据进行高效计算分析和组织处理，还能把表格数据以图表的形式表现出来。Excel 2003 在日常办公、金融、财会、审计和统计等方面都有极为广泛的应用。

4.1 任务一 认识 Excel 2003

如图 4.1 所示，是同学们常见的考试成绩统计表。有时我们需要手工计算每名同学的总分，然后进行名次的排列。现在，使用 Excel 该如何操作呢？要想弄清这些，首先让我们来认识一下 Excel 2003。

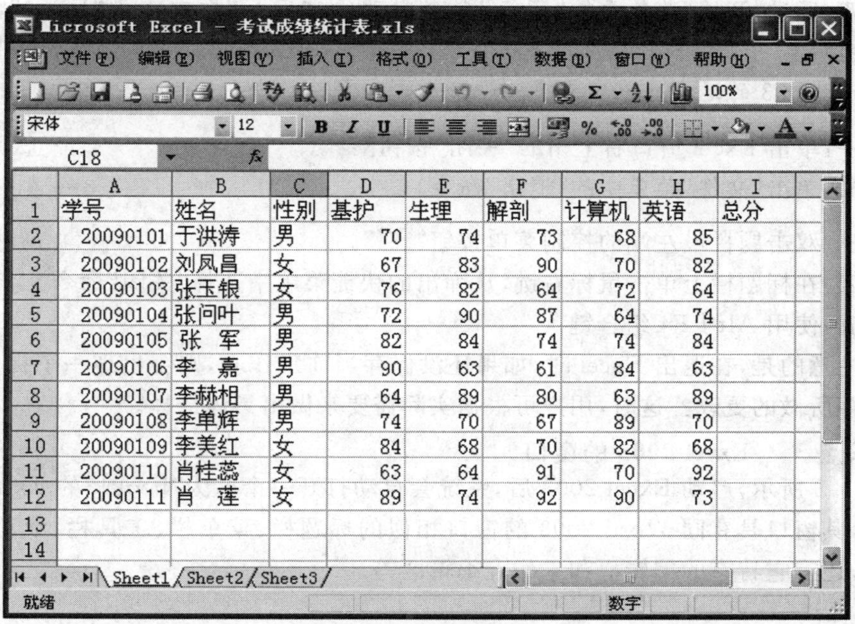

图 4.1 考试成绩统计表

4.1.1 任务目标展示

1. 了解 Excel 2003 的主要功能。

2. 掌握启动与退出 Excel 2003 的方法。

3. 认识 Excel 2003 的窗口。

4.1.2 知识要点解析

> **知识点 1** **Excel 2003 的主要功能**

在微软公司的 Office 系列办公软件中,Excel 2003 负责对电子表格的处理。相对于较早期的数据处理软件,Excel 2003 的强大功能表现在:具有友好的用户界面,对工作表的操作简便易学,具有强大的函数和公式计算功能,具有绘制数据统计图表的功能,能高效地管理、分析数据,还增强了网络功能、宏功能和内嵌了 Visual Basic 编辑器。

此外,Excel 2003 还增强了自动恢复功能,改进了系统提示信息,改良了工作界面,加强了安全保障功能等。

> **知识点 2** **启动与退出 Excel 2003**

由于 Excel 2003 和 Word 2003 都同属于 Office 2003 系统,所以在操作方面两者也有许多相同之处。同学们可以参考 Word 2003 的操作来帮助学习和掌握 Excel 2003。

1. Excel 2003 的启动

方法一:通过"开始"菜单启动,单击"开始",指向"程序",指向"Office 2003",从中单击"Excel 2003"命令。

方法二:通过双击桌面上的 Excel 2003 快捷方式图标启动。

方法三:按文件保存路径,通过打开已保存的 Excel 工作簿文件来启动。

方法四:通过"开始"菜单中的"运行"命令启动(在"运行"框中输入"Excel",然后单击"确定"按钮)。

2. Excel 2003 的退出

方法一:单击 Excel 窗口右上角的"关闭"按钮 ⊠。

方法二:单击"文件"菜单中的"退出"命令。

方法三:双击题栏最左端的控制菜单按钮"⊠"。

方法四:在标题栏上单击鼠标右键,从弹出的快捷菜单中选择"关闭"命令。

方法五:使用 Alt＋F4 组合键。

需要注意的是,在退出 Excel 时,如果还没保存当前工作表,则会出现一个提示信息,询问是否保存所做的更改? 这时,用户可根据实际需要来做出具体选择。

> **知识点 3** **Excel 2003 的窗口**

如图 4.2 所示,启动 Excel 2003 后,系统会自动打开一个名为"book1"的 Excel 工作簿。观察可见,其窗口具有同 Word 2003 的窗口相似的标题栏、菜单栏、工具栏、滚动条和状态栏。另外,还有它特有的编辑栏和工作表编辑区等。

1. 编辑栏

在编辑栏上,从左到右依次有:名称框、工具按钮和编辑区,用于显示和编辑单元格的内容。名称框中显示当前单元格的地址,或是显示在编辑公式时所选择的常用函数。在编辑数据或公式时,名称框右侧的工具按钮有"取消" ⊠ 、"输入" ✓ 和"插入函数" ƒx,分别用于取消、确认操作和输入编辑公式。编辑区也称为公式栏区,用于显示当前单元格的内容,也可以在其中直接输入数据和进行编辑。

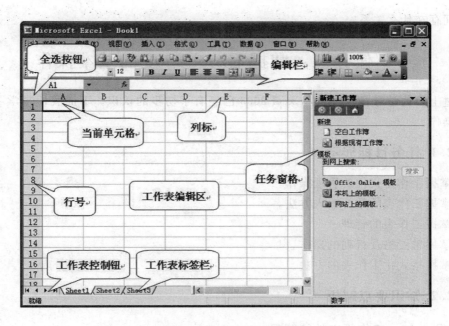

 在上图中标注有：全选按钮、编辑栏、当前单元格、列标、任务窗格、行号、工作表编辑区、工作表控制钮、工作表标签栏。

图 4.2　Excel 2003 窗口

2. 工作表编辑区

工作表编辑区是 Excel 2003 窗口中用于存放用户数据的区域，它是由一系列排列成行和列的单元格组成。编辑数据和处理表格的工作都在这里进行。其中的每个单元格都有一个以其行号和列标为标识的名称(也叫单元格的地址)。

3. 工作簿和工作表的概念

(1)工作簿(Book)：是用于存储电子表格数据的文件。在 Excel 2003 中，工作数据最终都是以电子表格文件(工作簿)的形式存储在磁盘上的，其文件名即工作簿名，其扩展名为 .xls。工作簿是工作表的集合，一个工作簿可以包含一个或多个工作表(最多为 255 个工作表)。

(2)工作表(Sheet，也称电子表格)：是存储和处理数据的主要文档。它是由排列成行和列的单元格组成的二维表格。在 Excel 2003 中，每个工作表有 256 列、65 536 行。列用字母A、B、…、Z，AA、AB、…，BA、BB、……，一直到 IV 来标识，称为列标。行用数字 1 到 65 536来标识，称为行号。

每个工作表都有一个名称，即工作表标签。它显示在编辑区的下部，其初始名称为Sheet1、Sheet2、Sheet3，通过鼠标单击可以在不同的工作表之间进行切换。

在工作表中，每个单元格都有一个地址(也称名称)，如"A5"就代表为 A 列、第 5 行的单元格。同理，一个地址惟一地表示一个单元格。

4.1.3　学生上机操作

同学们按照知识要点解析中的讲授，练习正确启动与退出 Excel 2003 的各种方法。

4.1.4　任务完成评价

该任务比较简单。在任务操作的同时，重点要弄清楚什么是工作簿？什么是工作表？

它们之间存在什么关系？

4.2 任务二　掌握 Excel 2003 的基本操作

通过上面的学习,同学们对 Excel 2003 已经有了初步的认识。下面我们来学习它的一些基本操作。

4.2.1 任务目标展示

1. 掌握工作簿文件的管理操作。
2. 掌握工作表的数据输入方法。
3. 掌握工作表的管理。
4. 掌握单元格及行列的操作。
5. 掌握格式化工作表的方法。

4.2.2 知识要点解析

知识点 1　工作簿文件的管理

1. 创建工作簿

在 Excel 2003 中,创建工作簿有多种方法。常用的有以下几种。

方法一:启动 Excel 2003,即创建一个名为"Book1"的空白工作簿。

方法二:在启动 Excel 2003 后,单击"文件"菜单中的"新建"命令;或单击常用工具栏上的"新建"按钮;或按"Ctrl＋N"组合键。

方法三:通过"模板"创建工作簿。

例如,要创建一个通讯录,其操作方法如下。

步骤 1:在"文件"菜单上,单击"新建"。

步骤 2:在"新建工作簿"任务窗格中单击"本机上的模板",打开"模板"对话框,如图 4.3 所示。

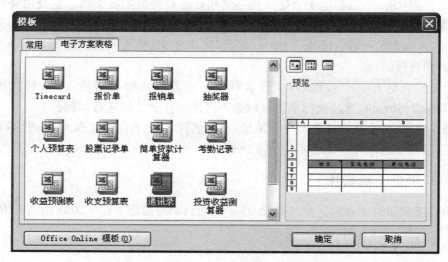

图 4.3　"模板"对话框

步骤3：在"模板"对话框中，单击"电子方案表格"选项卡，从列出的模板中双击要创建的工作簿类型（如通讯录）。这样，一个基本的通讯录就创建好了，如图4.4所示，

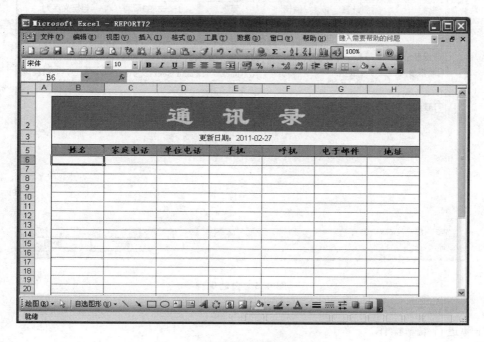

图 4.4　通过模板创建的"通讯录"

2. 保存工作簿

在工作簿创建、编辑过程中或完成后，要将其保存在磁盘上，以便今后使用。

（1）保存新建的工作簿：单击"常用"工具栏中的"保存"按钮（或者"文件"菜单中的"保存"或"另存为"，或按快捷键 Ctrl＋S），在弹出的"另存为"对话框中，确定保存位置和文件名，然后单击"保存"按钮。

（2）保存已有的工作簿：单击"常用"工具栏中的"保存"按钮。如果要将更改后的工作簿改名保存或是改变文件的保存位置，需要单击"文件"菜单中的"另存为"命令，并在弹出"另存为"对话框中设置保存位置和文件名，然后单击"保存"。

（3）设置自动保存：为了有效地保存并恢复因突发断电等意外情况造成的信息丢失，Excel 2003 提供了自动保存功能。保存自动恢复信息的设置方法是，单击"工具"菜单中的"选项"命令，如图4.5所示，在弹出对话框中单击"保存"选项卡，设置"保存自动恢复信息"的时间间隔，然后单击"确定"。

3. 打开与关闭工作簿

（1）打开工作簿

方法一：单击"文件"菜单中的"打开"命令。

方法二：单击工具栏上的"打开"按钮。

方法三：按"Ctrl＋O"组合键。

方法四：在"我的电脑"或者资源管理器中找到并双击需要打开的工作簿。

Excel 2003 允许同时打开多个工作簿，可以在不同工作簿之间进行切换工作，同时对多

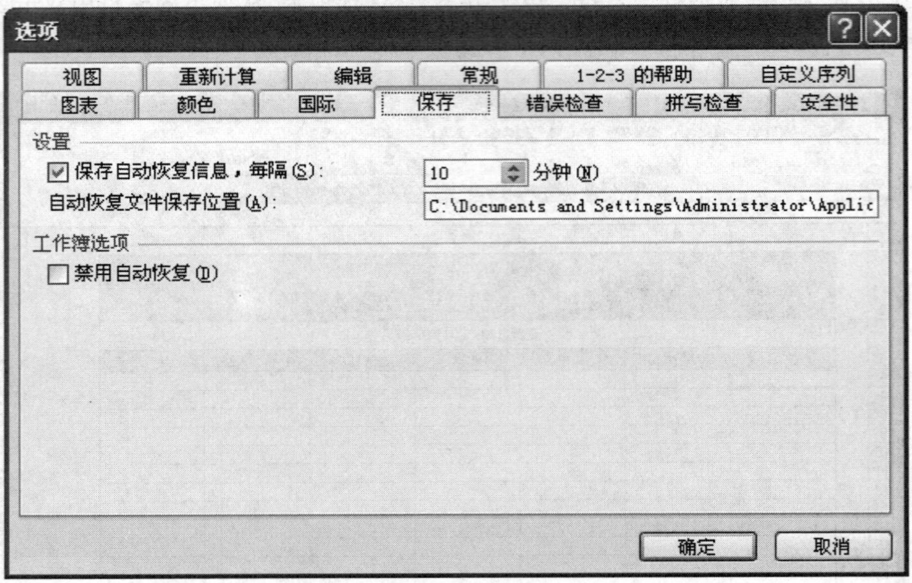

图 4.5 自动保存

个工作簿进行编辑操作。

(2)关闭工作簿

方法一：单击"文件"菜单中的"关闭"命令。

方法二：单击 Excel 2003 窗口右上角的"关闭窗口"按钮，但不退出程序。

方法三：按"Ctrl＋F4"组合键。

方法四：单击 Excel 2003 窗口右上角的"关闭"按钮，并退出程序。

方法五：要同时关闭已打开的多个工作簿，按住"Shift"不放，接着单击"文件"菜单中的"全部关闭"命令。

在关闭工作簿时，如果是编辑更改未保存，系统将提示用户是否保存。

知识点 2　工作表的数据输入

要创建和编辑一个工作表，就要向单元格输入数据，常用的数据类型有文本、数字、日期和时间等。

1. 文本型数据的输入

文本包括汉字、字母、数字、空格及键盘上可以输入的任何符号。默认状态下，所有文本内容均为左对齐。输入时需要注意：文字如字母、汉字等直接输入即可；如果把数字作为文本输入，需要在数字前先输入一个半角的单引号（例如：住院号为"0911,0912……"，要先输入一个单引号"'"，再接着输入"0911"，回车后字符串前的"0"即被保留）。后面还将介绍，可事先设置单元格格式为文本型，然后再输入数据。

2. 数值型数据的输入

输入数字与输入文字的方法相同。不过输入数字需要注意下面几点：

输入分数时，应先输入一个 0 和一个空格，之后再输入分数。否则系统会将其作为日期处理。例如：要输入分数"3/4"，应输入"0 3/4"，如果不先输入 0 和空格，则表示日期为 4 月

3日。

　　要输入一个负数,可以通过两种方法来完成:在数字前面加一个负号;也可把数字放在圆括号中。例如输入"负8",可输入"－8",也可输入"(8)"。

　　输入百分数时,先输入数字,再输入百分号即可。

　　在 Excel 2003 中,可以输入以下数值和符号:"0～9""＋""－""( )"","""/"" $ ""%""."
"E 或 e"等。在 Excel 中,E 或 e 是 10 的乘幂符号,E 加数字表示 10 的 n 次方。例如"1.6E-3"表示"1.6×10^{-3}",即 0.001 6。

　　3. 日期型数据的输入

　　日期一般按照"年/月/日"的格式输入,如 2010 年 12 月 21 日,输入"10/12/21"。只要是正确的日期表示法都可以用来输入,如输入"2010-12-21",至于单元格中最后出现的结果要看单元格的日期设置格式。

　　时间按照"时:分:秒"格式输入,如 10 点 48 分,输入"10:48"。在 Excel 中,时间分 12 小时制和 24 小时制,如果要用 12 小时制输入时间,要在时间后输入一个空格,然后输入 AM或 PM(也可用 A 或 P),用来表示上午或下午。否则,Excel 将以 24 小时制计算时间。例如,如果输入 12:00 而不是 12:00PM,将被视为 12:00AM。

　　输入当前日期,英文输入法下按"Ctrl＋;",输入当前时间按"Ctrl＋Shift＋;"。

　　时间和日期可以相加、相减,并可包含到其他运算中。如果要在公式中使用日期或时间,注意要用带英文引号的形式输入日期或时间,例如,＝"2001/11/25"-"2001/10/5",其计算结果为数值 51,表示两者间隔为 51 天。

　　4. 自动填充

　　Excel2003 提供了强大的自动填充数据的功能,可以非常方便地填充一些具有规则的数据。自动填充数据是指在一个或两个单元格内输入数值后,在与其相邻的单元格区域填充具有一定规则的数据。它们可以是相同的数据,也可以是一组序列(等差或等比)。自动填充数据的方法有用菜单命令填充、用鼠标拖动填充柄填充等多种。

　　(1)用菜单命令填充数据序列

　　例如,要在 A 列"学号"下填充 1001～1020,操作方法如下。

　　步骤 1:在 A2 中输入一个初始值,如:1001。

　　步骤 2:选定要填充的目标区域,如:A2:A21。

　　步骤 3:在"编辑"菜单中指向"填充",从中选择"序列"命令,打开如图 4.6 所示"序列"对话框。

　　步骤 4:单击"确定"按钮(本例中不必改变设置。如有必要,可视具体需要进行相关设置)。

　　(2)用鼠标拖动填充柄填充:用鼠标拖动填充柄填充数据,是一种常用的行之有效的方法。例如,要在 A 列"学号"下输入数据:1001～1020,采用此法的操作方法如下。

　　步骤 1:在单元格 A2、A3 中分别输入:1001、1002。

　　步骤 2:选定 A2、A3 这两个单元格。

　　步骤 3:将鼠标放到单元格右下角的填充柄上,鼠标指针变成黑色实心"＋"形状。

　　步骤 4:拖动鼠标至目标位置释放,即可在单元格区域内完成数据填充。

　　5. 创建自定义序列

　　在 Excel 2003 中,用户还可以根据工作需要来创建自定义序列。对于经常需要使用的

图 4.6 "序列"对话框

一些数据序列,可将它设置为自定义序列。例如,要将如图 4.7 左图中的内容建立一个自定义序列,其操作方法是:选定这些数据,单击"工具"菜单中的"选项"命令,打开"选项"对话框,再单击其中的"自定义序列"选项卡,然后单击"导入"按钮。这样,所选定数据即设置成一个自定义的序列了,如图 4.7 右图所示。

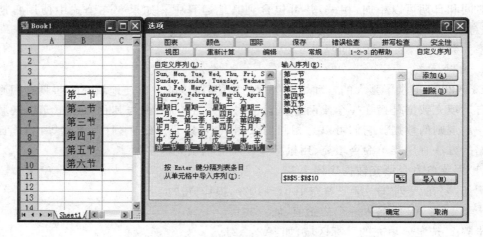

图 4.7 创建自定义序列示例

以后,如需使用这个序列时,就可以调用了。这时,只要输入"第一节",再用填充柄按列或按行填充即可。

6. 插入批注

在 Excel 2003 中,可根据具体情况对单元格添加的批注。插入批注的方法很简单:单击需要插入批注的单元格,在"插入"菜单中单击"批注"命令,在弹出的批注框中输入批注文本。

如果要取消所插入的批注,用鼠标选定添加了批注的单元格,接着单击鼠标右键,在弹出的快捷菜单中选择"删除批注"。

学生上机操作:如图 4.1 所示,建立一个工作簿"考试成绩统计表",按要求保存在你的文件夹中。编辑中,使用填充柄输入学号;并为表格中分数＞90 的单科成绩添加批注,批注的内容为:不骄不躁,继续努力! 年/月/日。

知识点 3 **工作表的管理**

一个工作簿包含一个或多个工作表。在实际应用中,用户可根据实际需要来添加、删除、复制和重命名工作表。

1. 插入工作表

有时一个工作簿中可能需要更多的工作表,这时用户就可以根据具体需要来插入一个或多个工作表。插入工作表的常用方法有两个。

方法一:单击"插入"菜单中的"工作表"命令。这样,系统即插入一个工作表,其默认的工作表名称依次为 Sheet4,Sheet5,……。

方法二:在工作表标签上单击鼠标右键,从弹出的快捷菜单中选择"插入"命令,打开"插入"对话框(图 4.8),选定工作表,单击"确定"按钮。

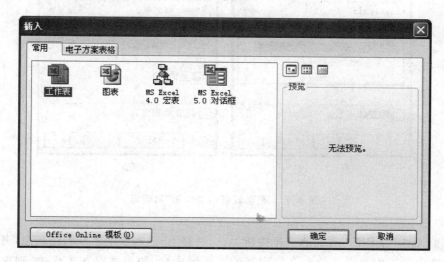

图 4.8 "插入"工作表对话框

2. 删除工作表

如果用户认为有的工作表没用了,可以将它删除。

方法一:选定工作表,在"编辑"菜单中单击"删除工作表"命令。

方法二:鼠标右击要删除的工作表标签,选择快捷菜单中的"删除"命令。

3. 重命名工作表

为了使工作表标签看上去能够一目了然、见名知义,用户可以对工作表重命名。

方法一:在工作表标签上单击鼠标右键,从中选择"重命名"命令,然后输入新的工作表名。

方法二:双击工作表标签,然后输入新的工作表名。

4. 移动或复制工作表

可以在同一个工作簿中移动或复制工作表,也可以将工作表移动或复制到另一个工作簿中。但应注意,在移动或复制工作表之后,目标工作表中的某些计算结果或图表有可能会发生变化而不准确。

在同一个工作簿中移动工作表时,用鼠标左键按住工作表标签拖到目标位置释放。如果要复制,应是按住"Ctrl"键的同时,用鼠标左键按住工作表标签拖到目标位置释放。

要在不同的工作簿之间移动或复制工作表,如将工作簿 Book1 中的 Sheet1 移动或复制到 Book2 中,其操作步骤如下。

步骤 1:打开 Book1 和 Book2(这时从窗口菜单的列表中可查看到这两个工作簿)。

步骤 2:切换至 Book1,选定工作表 Sheet1。

步骤 3:单击"编辑"菜单中的"移动或复制工作表"命令,打开"移动或复制工作表"对话框,如图 4.9 中左图所示。

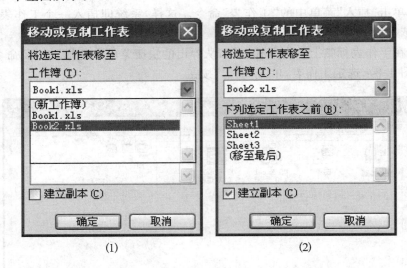

(1)　　　　　　　　　　　　(2)

图 4.9 "移动或复制工作簿"对话框

步骤 4:单击"工作簿"右端的下拉按钮,从中选择 Book2,如图 4.9 右图所示(若单击"新工作簿",选定的工作表将移动或复制到新的工作簿中)。如果要复制工作表,则应选定"建立副本"单选框。

步骤 5:在"下列选定工作表之前"框中确定目标工作表的位置。

步骤 6:单击"确定"按钮。

5. 隐藏工作表

要隐藏工作表,首先选定要隐藏的工作表,在"格式"菜单中指向"工作表",再从中选择"隐藏"命令。

在取消隐藏时,一次只能显示一张被隐藏的工作表。要取消被隐藏的工作表,在"格式"菜单中指向"工作表",从中选择"取消隐藏"命令,打开"取消隐藏"对话框,从中选择要显示的工作表,单击"确定"。

学生上机操作。

(1)打开前面保存的"考试成绩统计表",完成以下操作:①将工作表 Sheet1 改名为"成绩统计表";②在工作表 Sheet2 前面插入工作表 Sheet4;③删除工作表 Sheet2;④将"考试成绩统计表"复制到 Sheet4 的后面,并改名为"成绩统计表备份"。

(2)创建一个如图 4.4 所示的"通讯录",按要求保存在你的文件夹中。并在其中输入部分同学的通讯录。

知识点 4　单元格及行列操作

掌握选定单元格及单元格区域,行或列,以及全表的操作方法,这是进行移动、复制操作和编辑工作表的基础。

1. 单元格的选定

（1）选定一个单元格：被选定的单元格，叫活动单元格（或当前单元格）。选定一个单元格的简便方法就是用鼠标单击要选定的单元格。当选定一个单元格后，该单元格的地址将显示在名称框中。

（2）选定整张工作表：要选定整个工作表，单击"全选"按钮（见图4.2中的标注）。

（3）选定一行或一列：单击行首的行标签，或者单击列首的列标签。

（4）选定多个相邻的单元格：单击要选定区域左上角的单元格，按住鼠标左键拖动鼠标到要选定区域右下角的单元格，然后释放鼠标。

（5）选定不相邻的单元格区域：先选定一个单元格区域（或单元格），然后按住Ctrl键不放，再接着依次选定其他单元格区域（或单元格）。

要取消选定的区域，可单击工作表中的任意一个单元格。

2. 插入单元格、行或列

插入行、列的方法与插入单元格的方法基本相同。

（1）用插入"单元格"命令插入

步骤1：选定单元格区域或单元格，所选定的单元格的数目，即是要插入的单元格的数目。例如，若选定了3个单元格，接下来则会插入3个单元格。

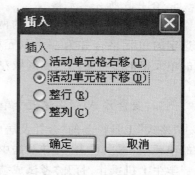

步骤2：单击"插入"菜单中的"单元格"命令，打开如图4.10所示的"插入"对话框。

步骤3：按需要，从中选择一个单选项，然后单击"确定"。

（2）用插入行、列命令插入

步骤1：选定多行或多列（一行或一列）。

步骤2：单击"插入"菜单中的"行"命令（或"列"命 **图4.10 "插入"单元格对话框**
令）选项。

这样，即在当前行之前或当前列之前插入了多行或多列（一行或一列）。

3. 删除单元格、行或列

删除单元格、行或列的方法与插入的操作方法类似。

步骤1：选定要删除的单元格、行或列。

步骤2：单击"编辑"菜单中的"删除"命令，打开"删除"对话框。

步骤3：按需要，从中选择一个单选项，然后单击"确定"。

要删除整行（或整列），可选定要删除的行（或列），然后单击"编辑"菜单中的"删除"命令即可。

4. 隐藏行或列

为了突出显示重点，可把不需要显示的行或列暂时隐藏，当需要显示时可以取消隐藏。

（1）隐藏行或列：选定要隐藏的行或列，从"格式"菜单的"行"或"列"选项中选择"隐藏"命令（也可从右键快捷菜单中选择"隐藏"命令）。

（2）取消隐藏：选定包含被隐藏的行或列在内的几行或几列，从"格式"菜单的"行"或"列"选项中选择"取消隐藏"命令。

5. 移动或复制单元格

移动单元格就是将一个单元格或多个单元格中的数据或图表从一个位置移至另一个位置,移动单元格的操作方法有鼠标和菜单操作两种。

(1)用鼠标操作

步骤 1:选定要移动的单元格。

步骤 2:将鼠标指针置于该单元格的边框上,当鼠标变成十字箭头时,按住左键并拖动到目标位置(图 4.11)。此步中,如按住"Ctrl"键的同时拖动鼠标,则为复制。

(2)用菜单命令操作

步骤 1:选定要移动的单元格。

步骤 2:在"编辑"菜单中,如移动单元格,则单击"剪切";如复制单元格,则单击"复制"命令。

步骤 3:单击粘贴区域的左上角单元格。

步骤 4:单击"编辑"菜单中的"粘贴"命令。

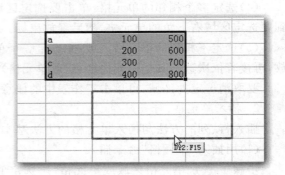

图 4.11　鼠标移动单元格

6. 合并或拆分单元格

合并单元格,是指把连续的两个或多个选定的单元格合并为一个单元格(合并后的单元格的名称是原选定区域左上角的单元格的名称)。而拆分单元格,则是指取消单元格合并。

例如,要合并 A1:E1 这五个单元格,可以这样操作,先选定要合并的单元格区域,然后单击"格式"工具栏上的"合并及居中" 按钮。若要拆分已合并的单元格,只需要选定所合并的单元格,再次单击"合并及居中"按钮即可。

学生上机操作:打开"考试成绩统计表",完成下面的操作。

(1)在"肖莲"前面插入一行,依次输入数据"20090112,张强,男,85,79,89,78,86"。

(2)隐藏新插入的"张强"所在的行,然后再取消隐藏。

(3)在第 1 行前插入一行,再在 A1 单元格中输入标题"护理××班学生成绩表",然后将其相对于表格居中。

知识点 5　工作表的格式设置

使用 Excel 2003 所提供的格式设置功能,可以对工作表中的数据及外观进行设置,以制作出符合使用要求,更加美观、醒目的工作表。

1. 格式化数据

单元格的数据格式,一般包括:数字类型、对齐、字体、边框、图案和保护等方面。对单元格进行格式设置,可用"单元格格式"对话框,"格式"工具栏和格式刷三种方法。

使用"单元格格式"对话框:选定要设置格式的单元格区域,单击"格式"菜单中的"单元格"命令,打开的"单元格格式"对话框。如图 4.12 所示,它包括数字类型、对齐、字体、边框、图案和保护 6 个选项卡。

"数字"选项卡中,可设置数字的分类类型,如常规、数值、货币、文本等。

"对齐"选项卡中,可以设置文本的水平、垂直对齐方式,文本方向,自动换行,合并单元格等。

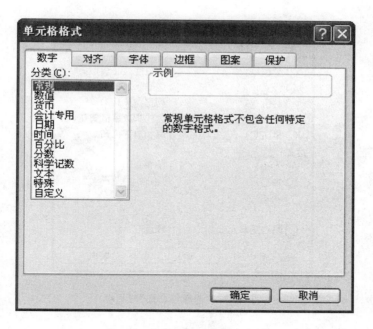

图 4.12　"单元格格式"对话框

"字体"选项卡中,可设置字体、字号、颜色等;"边框"选项卡中,可设置单元格区域边框样式、线条、颜色等。

"图案"选项卡中,可设置单元格底纹的颜色和图案等。

"保护"选项卡中,在工作表被保护的情况下,可设置锁定单元格或隐藏公式等。

2. 调整行高和列宽

系统默认的行高和列宽有时不能满足要求,这时用户可以自行调整。

(1)调整列宽

方法一:拖动列的右边界线调整列宽。

方法二:选定要调整列宽的列或单元格区域,在"格式"菜单中指向"列",从中选择"列宽"命令,在弹出的"列宽"对话框中设置列宽。

方法三:用"选择性粘贴"复制列宽。如果需要将某种列宽复制到其他列中,先选定源列中的单元格,再单击"常用"工具栏上的"复制"按钮,然后选定目标列,接着选择"编辑"菜单中的"选择性粘贴"命令,在打开的"选择性粘贴"对话框中选择"列宽"选项(图 4.13),选择完毕,单击"确定"按钮。

(2)调整行高

方法一:拖动行的下边界线调整行高。

方法二:选定要调整的行或单元格区域,在"格式"菜单中指向"行",从中选择"行高",在弹出的对话框中设置行高。

3. 自动套用格式

Excel 2003 内置了多种已设置好的表格格式,可以选择这些格式,把它套用到选定的表格上。这种方法称为自动套用格式。操作方法如下。

步骤 1:选定需要自动套用格式的单元格区域。

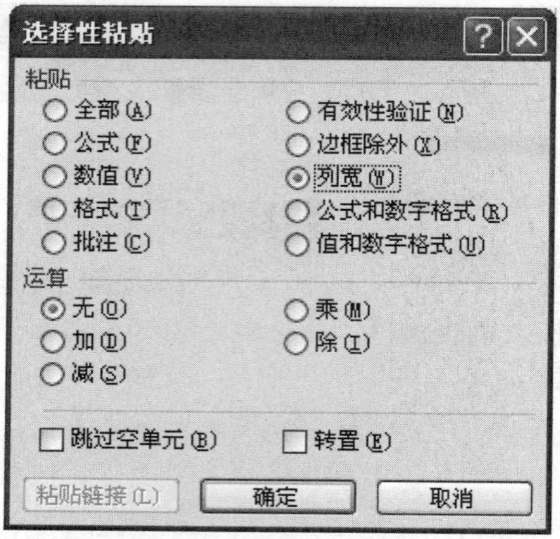

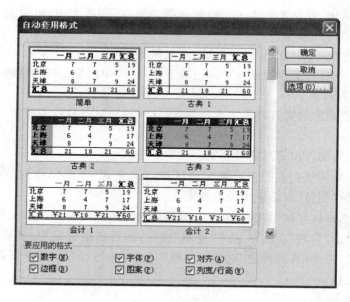

图 4.13 "选择性粘贴"对话框

步骤 2：单击"格式"菜单中的"自动套用格式"命令，打开"自动套用格式"对话框，如图 4.14 所示。

图 4.14 "自动套用格式"对话框

步骤 3：从中选择一种格式（如果只想部分套用），可单击"选项"按钮，在弹出的"要应用的格式"区中取消或选择所需要的选项。

步骤 4：单击"确定"按钮。

如果要取消自动套用格式，应先选择已自动套用格式的区域，再从"自动套用格式"对话框的格式列表中选择"无"，然后单击"确定"按钮。

4. 设置条件格式

所谓条件格式,就是对选定的区域中的数据设定一些条件,只有符合条件的单元格才被应用所设置的格式,不符合条件的单元格则不被应用所设置的格式。设置条件格式的方法如下。

步骤1:选定要设置条件格式的单元格区域。单击"格式"菜单中的"条件格式"命令,打开"条件格式"对话框,如图4.15所示。

图4.15 "条件格式"对话框

步骤2:在对话框的"条件1(1)"下,选择"单元格数值"或"公式"选项,接着设置条件,如"介于"某数值之间,或"大于""小于"某数值等。数值可以是常数,也可以是公式。

步骤3:单击"格式"按钮,打开"单元格格式"对话框,从中设置符合条件数据的显示格式。如有必要,可以使用"添加"按钮展开"条件2(2)",然后对条件2(2)进行相应的设置(一次最多可以设置3个条件)。

步骤4:设置完毕,单击"确定"按钮。

如要取消所设置的"条件格式",可以使用该对话框上的"删除"按钮进行删除。

4.2.3 学生上机操作

继续使用"考试成绩统计表"完成下面的操作。

(1)将标题"学生成绩表"设置为黑体,小三号,颜色为蓝色,底纹的颜色为浅黄,图案为50%灰色。

(2)将表格中的所有数据设置为"水平居中","垂直居中"格式。

(3)为A2:I14区域加上边框,外边框为粗实线,内部为细实线。

(4)把该表中单科<60分的成绩以红色显示。

4.3 任务三 使用公式和函数

在Excel 2003中,我们使用公式和函数对数据进行计算和统计分析。Excel 2003中内置了多种类型的函数,可用于计算处理不同类型的数据;而公式则是由使用者根据需要来自行创建。在工作表中,如果参与计算的数据发生了更改,Excel 2003将自动更新公式和函数的计算结果。

4.3.1 任务目标展示

1. 理解运算符的概念,能够创建公式计算和分析数据。

2. 正确掌握单元格及区域的引用。

3. 熟悉几种常用函数的用法。

4.3.2 知识要点解析

知识点 1　公式与运算符

1. 创建公式

公式是对工作表数据进行分析运算的方程式。在输入公式时,注意要用英文输入法。

创建和编辑公式,遵循一定的语法规则。一个公式通常包括 3 个部分:等号、运算对象(或称运算数)、运算符。公式均以等号"="开始。运算对象可以是常量、变量、表达式、函数、单元格的引用等。

先看一个简单例子,例如要计算:65×3+89,其公式输入方法如下。

步骤 1:单击要输入公式的单元格。

步骤 2:在编辑栏中依次输入公式:=65 * 2+89

步骤 3:检查无误后,按 Enter 键(或单击编辑栏上的输入 ✔ 按钮)。

2. 运算符

在 Excel 2003 中,公式中所用的运算符有 4 种类型:算术运算符、比较运算符、文本运算符和引用运算符。

(1)算术运算符:算术运算符包括:"+"(加)、"-"(减)、" * "(乘)、"/"(除)、"%"(百分号)、"^"(乘幂)。

(2)比较运算符:比较运算符包括:"="(等号)、">"(大于)、"<"(小于)、">="(大于等于)、"<="(小于等于)、"<>"(不等于)。

(3)文本运算符:"&"(和号)。把两个或多个文本值串起来,产生一个连续的文本值。

例如:="Fri" & "end",计算后其值为:Friend。

(4)引用运算符:引用运算符包括:":"(冒号)、","(逗号)和" "(空格)。

其中,冒号为区域运算符,如:A1:A15,是指对单元格 A1 到 A15 之间所有的单元格引用。逗号为联合运算符,可以将多个引用合并为一个引用,如:=SUM(A1:A15,B1)是对 B1 及 A1 至 A15 之间的所有单元格求和。空格为交叉运算符,产生对两个引用共有的单元格的引用,如:=SUM(A1:A6 A1:F1),这里单元格 A1 则是同时属于两个区域。

当一个公式中同时用到多种运算符时,其运算顺序是:引用运算符,算术运算符,文本运算符,比较运算符。如要改变运算顺序,应将需要优先计算的部分使用圆括号()。在一个公式中,多个圆括号可以套用。

知识点 2　单元格的引用

工作表中的每个单元格都有一个唯一的地址。在公式中使用单元格的地址,称为引用。引用的作用,就是要使 Excel 2003 系统知道公式在计算时需要到哪个单元格中去读取数据。例如,要使用位于第 A 列与第 5 行的单元格中的数据,其引用就是:A5。

为了便于区别,通常把单元格的引用分为三种类型,分别为:相对引用、绝对引用和混合引用。

1. 相对引用

相对引用是指公式所在单元格与被引用单元格的相对位置不变。

当公式被复制到别处时,系统能够根据公式的位置变动自动调节所引用的单元格。例如,在使用相对引用时,当把 A7 单元格中的公式"＝A3＋A4＋A5"填充到 B7 单元格时,则 B7 中公式的内容自动改变为"＝B3＋B4＋B5"。

2. 绝对引用

绝对引用是指公式中所引用的单元格的地址是固定不变的。例如,在复制单元格时,不想使某些单元格的引用随着公式位置的改变而改变,则需要使用绝对引用。

绝对引用的标记,是在单元格地址的列标和行号前加上"＄"符号。例如,单元格 B3 中的公式为"＝＄B＄1＋＄B＄2",当把该公式复制到单元格 C3 时,其公式仍为"＝＄B＄1＋＄B＄2"。

3. 混合引用

混合引用是指在地址的行列引用中,有一个是相对引用、一个是绝对引用。其结果就是单元格引用的行(或列)固定不变,行(或列)自动改变。在混合引用中,可以是相对列、绝对行的混合引用(如:B＄2);也可以是绝对列、相对行的混合引用(如:＄B2)。

知识点 3　函数的使用

Excel 2003 提供了多种类型的函数,包括常用、财务、日期与时间、数学与三角函数、统计、查找与引用、数据库、文本、逻辑、信息等大类,每类中都有若干个,共有几百个函数。这为用户计算和分析数据提供了很大方便。

1. 函数概述

函数是一种特定的公式。一个函数通常包括两个部分:函数名称和参数。例如,SUM(number1,number2,…),SUM 函数的功能是求和,其参数放在圆括号"()"内。还如,AVERAGE 是求平均函数,MAX 是求最大值函数等。函数名称表明函数的功能,函数的参数可以是数字、文本、逻辑值、数组、引用等,不同类型的函数对其参数的要求各有不同。

2. 函数的使用

现以求和函数 SUM(number1,number2,…)为例,介绍函数的使用方法。

(1)通过键盘输入:例如,在图 4.16 中计算工资总额,可先在 F2 中输入:＝SUM(C2:E2),然后回车得到结果。直接输入函数作为公式,必须以等号"＝"开始。

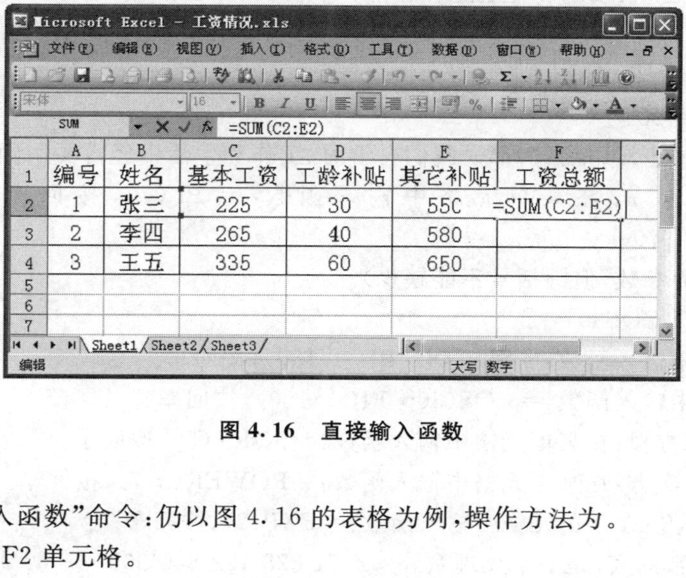

图 4.16　直接输入函数

(2)使用"插入函数"命令:仍以图 4.16 的表格为例,操作方法为。

步骤 1:单击 F2 单元格。

步骤2：从"插入"菜单中选择"函数"命令，打开"插入函数"对话框，如图 4.17 所示。

步骤3：从"选择函数"列表框中选定"SUM"，单击"确定"按钮，弹出"函数参数"对话框，如图 4.18 所示。

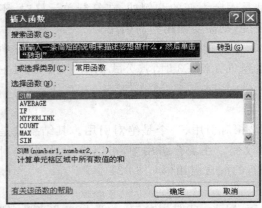

图 4.17 "插入函数"对话框

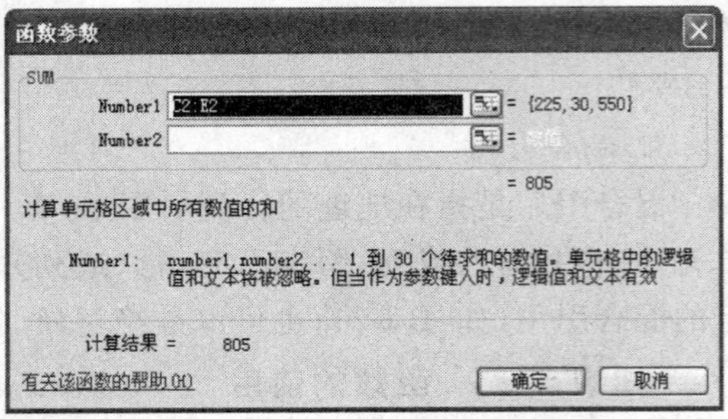

图 4.18 "函数参数"对话框

步骤4：观察参数中的引用范围是否正确，如果正确，直接单击确定按钮。如果有错误，可重新输入正确的范围，也可单击"压缩对话框"按钮，然后用鼠标在工资表中选定正确的区域。

（3）使用自动求和按钮：仍以图 4.16 的表格为例。

步骤1：在图 4.16 的表格中，单击 F2 单元格。

步骤2：单击"常用"工具栏上的"自动求和"按钮 Σ ▼ 。在本例中，自动求和为：＝SUM(C2:E2)。

一般情况下，使用"自动求和"可以自动插入一个单元格区域的总和。当选定要插入总和的单元格，并单击"自动求和" Σ ▼ 按钮后，Excel 2003 会推荐一个关于 SUM() 函数的引用，要接受此公式中的引用，按 ENTER。要更改推荐的公式中的引用，用鼠标重新选定要计算总和的区域，然后按 ENTER。

3. 常用函数研究

下面介绍的这些常用函数，都是我们在学习、工作和生活中经常要用到的。

（1）求圆周率 π：在某单元格中输入函数：＝PI( )，按回车，返回 π 的值：3.14 159 265 358 979。

（注：此函数无参数，但圆括号不能缺少）。

（2）求 SIN45°，COS30°

在某单元格中输入函数：＝SIN(45 * PI( )/180)，按回车。

在某单元格中输入函数：＝COS(30 * PI( )/180)，按回车。

（3）求 5 的平方根：在某单元格中输入函数：＝SQRT(5)，按回车。

（4）求 3 的 7 次方：在某单元格中输入函数：＝POWER(3,7)，按回车。

（5）求 e 的平方：在某单元格中输入函数：＝EXP(2)，按回车。

（e 为自然对数的底，是一个无理数，e≈2.71 828 182 845 905…）

（6）求自然对数 LN(2)：在某单元格中输入函数：＝LN(2)，按回车。

（LN 是以 e 为底的对数，LN 函数与 EXP 函数，两者互为反函数）。

例如：在某单元格中输入函数：＝EXP(LN(3))，按回车，将返回：3。

（7）求常用对数 LOG(2)：在某单元格中输入函数：＝LOG(2)，按回车。

（8）求 6 的阶乘(6!)：在某单元格中输入函数：＝FACT(6)，按回车。

（9）函数的嵌套使用：在某单元格中输入函数：＝POWER(SQRT(LN(EXP(3))),2)，按回车。注意式中的圆括号要成对使用。

（10）当前日期：在某单元格中输入函数：＝TODAY()，按回车。

（11）求若干个数的算术平均值，例如求：3,5,6,7,8,11 的算术平均值。

在某单元格中输入函数：＝AVERAGE(3,5,6,7,8,11)，按回车。

（12）求给定数集中的最大值和最小值

例如，单元格区域(F2:F12)中存放的是某班级的解剖成绩，求其中的最高分。

在某单元格中输入函数：＝MAX(F2:F12)，按回车。

例如，单元格区域(F2:F12)中存放的是某班级的解剖成绩，求其中的最低分。

在某单元格中输入函数：＝MIN(F2:F12)，按回车。

（13）逻辑函数（条件检测函数)IF 函数：该函数根据逻辑检测的真假值，返回不同的结果。

现在按全班学生的平均成绩评定等级。例如，单元格区域(J2:J12)中存放的是某班级学生的平均成绩，按一定条件评定等级为：优、良、及格、不及格。在单元格 K2 中输入下列函数。

＝IF(平均＞85,"优",IF(平均＞75,"良",IF(平均＞=60,"及格","不及格")))

如图 4.19 所示，然后拖动充值柄，对区域(K2:K12)求出其他学生的等级。

▼	✕	✓	fx	=IF(平均>85,"优",IF(平均>75,"良",IF(平均>=60,"及格","不及格")))							
B	C	D	E	F	G	H	I	J	K	L
姓名	性别	基护	生理	解剖	计算机	英语	总分	平均	等级	
于洪涛	男	70	74	73	68	85	370	74.0	格"))	

图 4.19 使用 IF 函数

4.3.3 学生上机操作

1. 打开"考试成绩统计表"，完成以下操作。

（1）使用 SUM 函数计算每个学生的总分。

（2）按总分进行降序排序。

2. 打开"药品销售表"工作簿，完成以下操作。

（1）在合计行中利用自动求和分别计算四种药品各个月份的销售合计。

（2）计算各个药品的"销售数量""销售总额"和"利润总额"。

4.3.4 知识技能拓展

在学习了函数与公式之后，就可以使用 Excel 2003 来开展一些工作了。

1. 练习"3. 常用函数研究"中介绍的函数，领会各函数的功能。

2. 打开考试成绩统计表。

在单元格 J1 中输入"平均",然后在区域(J2:J12)中计算全班同学的平均成绩。

在单元格 K1 中输入"等级",然后按平均成绩在区域(K2:K12)中求全班同学的等级。

3. 选用"3. 常用函数研究"中介绍的函数,试构造一个《数学用表》。

4.4 任务四 数据管理

通过前面的学习,同学们掌握了 Excel 2003 中的函数和公式的使用,下面来进一步研究它在数据管理方面的功能。

4.4.1 任务目标展示

1. 掌握数据清单的概念和编辑方法。
2. 按照单列或多列数据进行排序。
3. 设置和使用自动筛选。
4. 了解分类汇总的操作方法。

4.4.2 知识要点解析

Excel 具有数据的排序、筛选、分类汇总等数据管理功能。这些操作要求工作表中的数据是一个数据清单。数据清单是一个有规则的二维表格,第一行是标题行,即每一列的列标题,其余行是数据行。每一行的数据组成一条记录,每一列的数据类型必须相同。数据清单中不能有空行和空列,一个工作表上只能有一个数据清单,工作表中如果有其他数据,数据清单与其他数据之间至少要留出一个空列或一个空行。如图 4.20 所示,这张"成绩单"就是一个数据清单。

	A	B	C	D	E	F	G
1							
2		姓名	性别	数学	英语	内科学	总分
3		王晓阳	男	87	90	88	265
4		张斌	男	95	78	95	268
5		胡雪	女	64	76	71	211
6		徐鸿飞	女	55	96	77	228
7		潘龙	男	88	86	86	260
8		张瑶瑶	女	79	67	65	211
9		刘海涛	男	70	77	89	236
10							

成绩单

图 4.20 数据清单

单击数据清单中的任一单元格,选择"数据"菜单的"记录单"命令,打开"记录单"对话框,在此对话框中可以进行浏览、新建、删除、查找和修改记录,如图 4.21 所示。

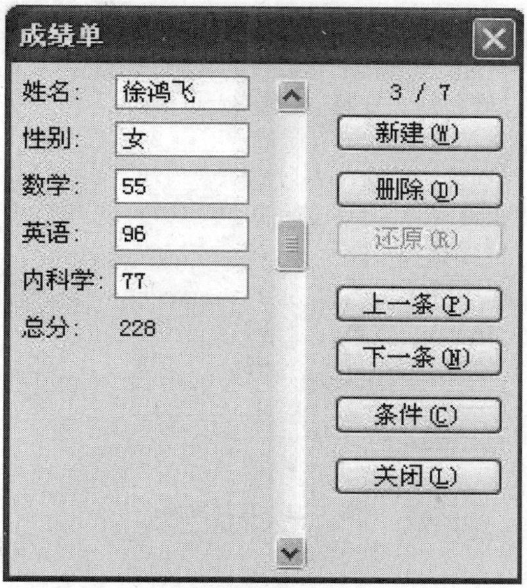

图 4.21 "记录单"对话框

例如要查找并修改"徐鸿飞"的成绩,单击"条件"按钮,在空白记录单的"姓名:"框中输入"徐鸿飞"并回车,该同学的详细信息就会显示出来,用户可按实际情况进行编辑修改。如果在记录单中修改了该同学的数据,数据清单中的此项数据则会自动更新。

知识点 1　数据排序

使用 Excel 的排序功能,用户可以根据需要以指定的顺序查看数据清单中的数据,而不用考虑数据录入时的顺序。

1. 按一列数据进行排序

如果要按照某一列数据进行排序,可以使用工具栏上的排序按钮。

步骤 1:单击要排序列的任一单元格。例如在"成绩单"工作表中单击"数学"列的 D5 单元格。

步骤 2:单击"常用"工具栏的排序按钮。"升序" 是从小到大(按照 1 到 9,A 到 Z 的顺序)进行排序。"降序" 是从大到小(按照 9 到 1,Z 到 A 的顺序)进行排序。

在"成绩单"工作表中,按照数学成绩升序排列的结果,如图 4.22 所示。

2. 按多列数据进行排序

按照一列数据进行排序,有时会遇到该列中有数据相同的情况,这时可根据多列数据进行排序。

例如:在"成绩单"工作表中,要求先按总分从低到高的顺序进行排序,总分相同时再按数学成绩排序,如果数学成绩也相同,再按英语成绩进行排序。其操作方法如下。

步骤 1:在需要排序的数据清单中,单击任一单元格。

步骤 2:选择"数据"菜单的"排序"命令,打开"排序"对话框,如图 4.23 所示。

步骤 3:在"主要关键字"下拉列表框中选择排序的主要列,如"总分",然后单击右侧的单选按钮指定按"升序"或"降序"进行排列。

	A	B	C	D	E	F	G
1							
2		姓名	性别	数学	英语	内科学	总分
3		徐鸿飞	女	55	96	77	228
4		胡雪	女	64	76	71	211
5		刘海涛	男	70	77	89	236
6		张瑶瑶	女	79	67	65	211
7		王晓阳	男	87	90	88	265
8		潘龙	男	88	86	86	260
9		张斌	男	95	78	95	268
10							

成绩单

图 4.22　单列排序

步骤 4：再按与步骤 3 相同的方法，设置指定"次要关键字"和"第三关键字"。

步骤 5：如果数据清单的第一列包含列标题，则要在"我的数据区域"下选中"有标题行"单选项（即将该行不在排序之中）。

步骤 6：设置完毕，单击"确定"。

Excel 2003 将首先按照主要关键字"总分"进行排序，如果主要关键字相同，再按照次要关键字"数学"进行排序，如果次要关键字还相同，则按照第三关键字"英语"进行排序。如图 4.24 所示，为设置三个关键字进行排序的结果。

学生上机操作。

（1）新建工作簿"库存药品管理.xls"，在 Sheet1 工作表中，输入如图 4.25 所示的数据清单。

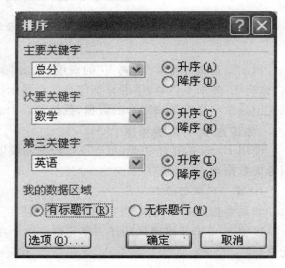

图 4.23　"排序"对话框

（2）将 Sheet1 中的数据清单分别复制到 Sheet2、Sheet3 工作表中，将 Sheet1、Sheet2、Sheet3 工作表分别改名为"排序""筛选""分类汇总"（图 4.25）。

（3）在"排序"工作表中，设置排序条件为：按主要关键字"进货日期"降序，按次要关键字"生产企业"升序，按第三关键字"成本合计"升序排列。

知识点 2　　数据筛选

使用 Excel 2003 的筛选功能，可以只显示满足筛选条件的行，隐藏暂时不必显示的其他行。对数据清单进行筛选，可以快速地查找和处理数据清单中的数据子集。数据筛选包括自动筛选和高级筛选。

1. 自动筛选

	A	B	C	D	E	F	G
1							
2		姓名	性别	数学	英语	内科学	总分
3		胡雪	女	64	76	71	211
4		张瑶瑶	女	79	67	65	211
5		徐鸿飞	女	55	96	77	228
6		刘海涛	男	70	77	89	236
7		潘龙	男	88	86	86	260
8		王晓阳	男	87	90	88	265
9		张斌	男	95	78	95	268
10							

⊮ ◀ ▶ ▶⊪ \ Sheet5 \ 成绩单 /

图 4.24 多列排序

	A	B	C	D	E	F	G	H
1								
2	通用名	流水号	生产企业	售价	进价	库存量	成本合计	进货日期
3	阿莫西林	57932	西南药业	7	5.32	562	2989.84	2010-8-1
4	阿莫西林	50718	石药集团	5.5	4.55	495	2252.25	2010-8-1
5	阿莫西林	50539	石药集团	6.5	4	680	2720	2010-9-6
6	阿莫西林	50765	中诺药业	6	4.65	1020	4743	2010-9-8
7	阿奇霉素	54568	白云山制药	9	7.7	978	7530.6	2010-8-1
8	阿奇霉素	57756	太洋药业	8.5	7.2	795	5724	2010-9-16
9	阿奇霉素	50269	奇力制药	7.8	7.4	468	3463.2	2010-8-20
10	阿奇霉素	51499	潜江制药	16.5	14	592	8288	2010-10-1
11	阿奇霉素	52863	罗欣药业	16	12	479	5748	2010-9-25
12	阿司匹林	50101	拜耳医药	14.8	11.2	869	9732.8	2010-9-25
13	阿司匹林	54053	神威药业	8.5	6	886	5316	2010-9-18
14	阿司匹林	55926	新兰药业	9.8	7	782	5474	2010-9-24
15	阿司匹林	55094	扶正药业	8.5	6.8	893	6072.4	2010-10-1
16								

⊮ ◀ ▶ ▶⊪ \ 排序 / 筛选 / 分类汇总 /

图 4.25 库存药品数据清单

步骤 1:单击数据清单中任一单元格。

步骤 2:在"数据"菜单中指向"筛选",从中单击"自动筛选"命令,这时在每个列标签右侧将显示一个自动筛选箭头 ▾。

步骤 3:单击某列的自动筛选箭头 ▾,从下拉列表框中选择一个筛选条件,数据清单中将只显示符合条件的记录行,这些记录的行号变为蓝色,同时指定条件的自动筛选箭头也变成蓝色。在每个列上都可以指定筛选条件,各条件之间为"逻辑与"关系,即筛选结果为同时满足多个条件的记录。

2. 取消"自动筛选"

若要取消对某一列所进行的筛选,应单击该列(被标记为蓝色的)标签右侧的下拉箭头 ▾,再单击"全部"。若要取消所指定的自动筛选,应在"数据"菜单中指向"筛选",再单击

"自动筛选"。

3. 自动筛选下拉列表框中的选项

(1)全部:选择此项可以取消本列的筛选条件,但不影响其他列的筛选条件。

(2)前 10 个:该选项只对包含数字的列起作用。选择此项将打开"自动筛选前 10 个"对话框,可以将该列中的最大或者最小的前 n 条记录列出(并不仅限于前 10 个或后 10 个)。例如筛选出总分后三名的学生记录,从"总分"列的筛选列表框中选择"前 10 个"选项,依次设置为"最小""3""项",如图 4.26 所示。

还可以按照数据清单总行数的百分比进行筛选。例如筛选出总分最高的前 30%的记录,从"总分"列的筛选列表框中选择"前 10 个"选项,依次设置为"最大""30""百分比"。如数据清单中共有 7 条记录,7 的 30%取整后将显示总分最高的 2 条记录。

图 4.26 "自动筛选前 10 个"对话框

(3)自定义:选择此项将打开"自定义自动筛选方式"对话框,可以使用比较运算符来定义筛选条件,同一个列可以设置两个条件,它们是"逻辑与"或"逻辑或"的关系。

"逻辑与"表示两个条件同时成立的记录才被筛选,例如要筛选出"总分"在 230 到 260 之间的学生,第一个条件设为"大于或等于""230",第二个条件设为"小于或等于""260",此时应选择"与"单选按钮,如图 4.27 所示。这个筛选的结果如图 4.28 所示。

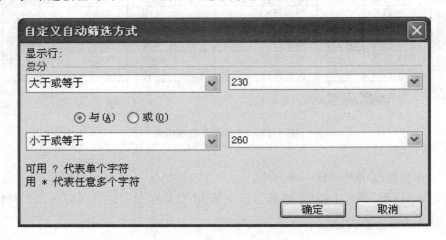

图 4.27 "自定义自动筛选方式"对话框

"逻辑或"表示在两个条件中至少满足一个条件的记录被筛选。例如要选出"数学"<60 分和>90 分的记录,第一个条件设为"小于""60",第二个条件设为"大于""90",这时要选择"或"单选按钮。

(4)每列中的不同数据项:在每列的下拉列表框的下方列出了该列中满足当前筛选条件的不同数据项。单击任一数据项,这种筛选的结果是只显示该数据项所在的行。

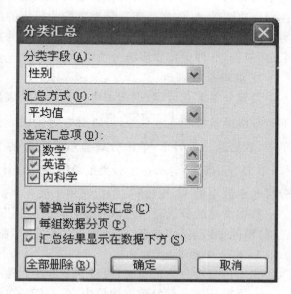

	A	B	C	D	E	F	G	H
1								
2		姓名▼	性别▼	数学▼	英语▼	内科学▼	总分▼	
6		刘海涛	男	70	77	89	236	
7		潘龙	男	88	86	86	260	
10								

�|◄ ◄ ► ►|＼成绩单／

在 7 条记录中找到 2 个

图 4.28　满足图 4.27 设置条件的筛选结果

学生上机操作:在"库存药品管理.xls"工作簿的"筛选"工作表中,筛选出同时符合"成本合计"最大的前 5 个,并且进货日期在 2010 年 9 月 1 日和 2010 年 10 月 1 日之间的、通用名为"阿司匹林"的这三个筛选条件的数据记录。

知识点 3　分类汇总

分类汇总是指按某一列进行分类,再对该列中的同一类记录进行统计,包括求和、求平均值、计数等分类汇总运算。例如把成绩单中的学生按性别分类,统计各班男、女生各门课程的平均成绩等。在进行分类汇总前,首先要将列表排序。分类汇总的结果是在数据清单中每一分类下面插入汇总行,显示出汇总结果,并自动在数据清单底部插入一个总计行。

1. 建立分类汇总

要在"成绩单"工作表中,按性别分别统计出男、女生的数学、英语、内科学 3 门课程的平均成绩,结果保留两位小数。具体操作方法如下。

步骤 1:首先按分类的列排序。例如按要求在数据清单中按"性别"升序排序,把相同性别的记录组织在一起。

排序的目的是为了保证汇总函数能够正确执行,如果在一个未进行排序的数据清单中建立了分类汇总,就会看到重复的合并行,并且这种结果也会变得毫无意义。

步骤 2:选择"数据"菜单的"分类汇总"命令,打开如图 4.29 所示的"分类汇总"对话框。

步骤 3:在"分类字段"下拉列表框中选择进行分类的列标题,选定的字段应与步骤 1 中的排序字段相同,这里选择的是"性别"。

图 4.29　"分类汇总"对话框

步骤 4:在"汇总方式"下拉列表框中选择所需的数据汇总方式,这里有求和、计数、平均值、方差等共 11 种汇总函数,本例选用"平均值",用以统计各门课程的平均成绩。

步骤 5:在"选定汇总项"列表框中选择要进行分类汇总的列标题,可以选择多个列标题,本例中选择"数学""英语"和"内科学"。

步骤6:单击"确定"按钮。得到如图4.30所示的按性别分类统计各门课程平均成绩的汇总结果。

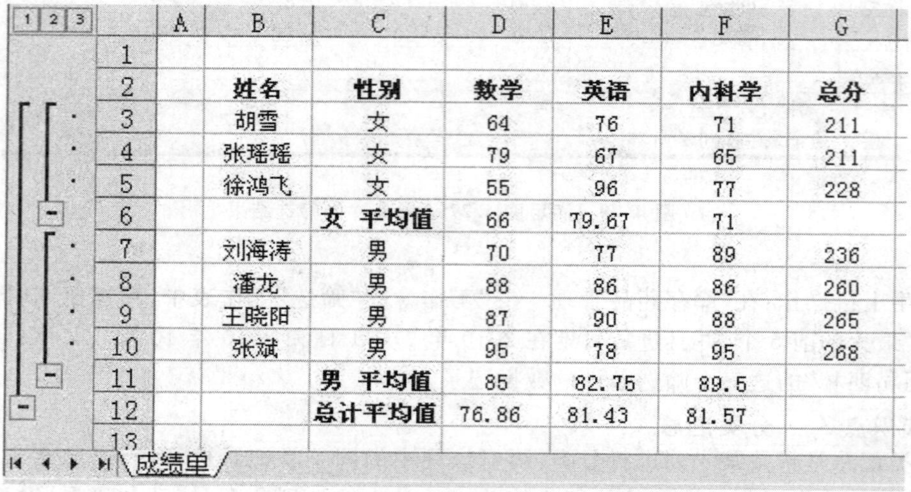

1 2 3		A	B	C	D	E	F	G
	1							
	2		姓名	性别	数学	英语	内科学	总分
	3		胡雪	女	64	76	71	211
	4		张瑶瑶	女	79	67	65	211
	5		徐鸿飞	女	55	96	77	228
	6			女 平均值	66	79.67	71	
	7		刘海涛	男	70	77	89	236
	8		潘龙	男	88	86	86	260
	9		王晓阳	男	87	90	88	265
	10		张斌	男	95	78	95	268
	11			男 平均值	85	82.75	89.5	
	12			总计平均值	76.86	81.43	81.57	
	13							

成绩单

图4.30 分类汇总结果

2. 建立多级分类汇总

有时要对数据清单以不同的汇总方式进行多个汇总。例如,既要查看各班级各科成绩的平均分,又要查看各班男女生的总分最高分。首先要进行排序,设置班级为主要关键字,性别为次要关键字;然后建立分类字段为班级的统计各科成绩平均分的分类汇总,再进行分类字段为性别的统计总分最高分的分类汇总,并在"分类汇总"对话框中清除"替换当前分类汇总"复选框,即可建立多级分类汇总。

3. 数据分级显示

设置分类汇总后,数据清单中的数据将分级显示。工作表窗口左侧出现分级显示区,上部有分级显示按钮 1 2 3 ,可以对数据的显示进行控制。在使用一级分类汇总的数据清单中,数据分三级显示,单击分级显示区上方的 1 按钮,只显示清单中的列标题和总计结果;单击 2 按钮,显示各个分类汇总结果和总计结果;单击 3 按钮,显示所有的详细数据。分级显示区中的 + 按钮和 − 按钮用于展开和折叠每一分类的数据。

数据清单的分级显示可以控制,选择"数据"菜单的"组及分级显示"命令,从其子菜单中选择"清除分级显示"或者"自动建立分级显示"命令,用户可以设置是否需要分级显示。

4. 删除分类汇总

当不再需要分类汇总时,可按如下方法删除分类汇总。

在含有分类汇总的数据清单中,单击任一单元格,再在"数据"菜单中单击"分类汇总"命令,在打开的"分类汇总"对话框中单击"全部删除"按钮。

4.4.3 学生上机操作

打开"库存药品管理.xls"工作簿的"分类汇总"工作表,建立两级分类汇总。先按"通用名"进行排序,然后按"通用名"汇总出"库存量"和"成本合计"的总和,再按"通用名"汇总出"售价"和"进价"的平均值。分类汇总结果如图 4.31 所示。

	A	B	C	D	E	F	G	H
2	通用名	流水号	生产企业	售价	进价	库存量	成本合计	进货日期
3	阿莫西林	57932	西南药业	7	5.32	562	2989.84	2010-8-1
4	阿莫西林	50718	石药集团	5.5	4.55	495	2252.25	2010-8-1
5	阿莫西林	50539	石药集团	6.5	4	680	2720	2010-9-6
6	阿莫西林	50765	中诺药业	6	4.65	1020	4743	2010-9-8
7	阿莫西林 平均值			6.25	4.63			
8	阿莫西林 汇总					2757	12705.09	
9	阿奇霉素	54568	白云山制药	9	7.7	978	7530.6	2010-8-1
10	阿奇霉素	57756	太洋药业	8.5	7.2	795	5724	2010-9-16
11	阿奇霉素	50269	奇力制药	7.8	7.4	468	3463.2	2010-8-20
12	阿奇霉素	51499	潜江制药	16.5	14	592	8288	2010-10-1
13	阿奇霉素	52863	罗欣药业	16	12	479	5748	2010-9-25
14	阿奇霉素 平均值			11.56	9.66			
15	阿奇霉素 汇总					3312	30753.8	
16	阿司匹林	50101	拜耳医药	14.8	11.2	869	9732.8	2010-9-25
17	阿司匹林	54053	神威药业	8.5	6	886	5316	2010-9-18
18	阿司匹林	55926	新兰药业	9.8	7	782	5474	2010-9-24
19	阿司匹林	55094	扶正药业	8.5	6.8	893	6072.4	2010-10-1
20	阿司匹林 平均值			10.4	7.75			
21	阿司匹林 汇总					3430	26595.2	
22	总计平均值			9.57	7.52			
23	总计					9499	70054.09	

图 4.31　库存药品分类汇总

4.4.4 任务完成评价

使用 Excel 2003 的数据管理功能,可以对不同类型的数据进行处理,如排序、筛选、分类汇总等。通过对数据清单进行排序,Excel 2003 可以根据指定的顺序重新排列行或列数据;使用筛选功能可以查找符合指定规则的数据组。对于复杂的数据清单,可以创建分类汇总,以方便对记录进行计算和统计。

4.4.5 知识技能拓展

在"成绩管理"或"财务管理"等实际工作中,在输入原始数据的过程中,有时难免出错。现就前面学习中所用的"成绩单"或其他工作表,试探究"数据有效性"的设置。其方法是:选定要限制其数据有效性范围的单元格区域,在"数据"菜单上,单击"有效性"命令,打开"数据有效性"对话框(图 4.32),从中进行相应的设置。为了避免在录入成绩中出现差错,应进行怎样的设置呢?

4.5 任务五　使用图表

Excel 2003 可以将工作表中枯燥的数据转化成形象直观的统计图表。图表以图形的方

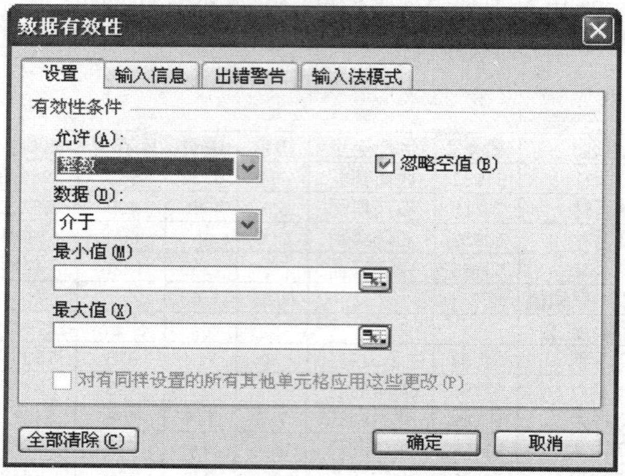

图 4.32 "数据有效性"对话框

式来显示工作表中数据,具有良好的视觉效果。它可以方便用户查看数据之间的差异和预测事物变化的趋势。创建图表后,图表与创建图表的工作表数据之间建立了联系,当工作表中的数据发生变更时,图表中对应的数据也会随之自动更新。

4.5.1 任务目标展示

1. 掌握创建图表的方法。
2. 掌握图表的编辑和格式化的方法。

4.5.2 知识要点解析

知识点 1 创建图表

要创建图表,有两种方法,一是利用图表向导分四个步骤创建图表,二是利用"图表"工具栏快速建立图表。

创建图表之前,要先选定在图表中使用的数据区域。数据区域可以连续,也可以不连续。如果选定的区域有文本,那么文本应该在数据区域的最左列或最上行,用以说明数据的含义。

1. 利用图表向导创建图表

要求根据"成绩单"工作表中所有学生的 3 门课程的成绩建立嵌入图表,图表类型为簇状柱形图,系列产生在列,图表标题为"成绩单"。其操作方法如下。

步骤 1:选定要在图表中使用的数据区域:例如,根据"成绩单"工作表创建图表,选定的数据区域为姓名、数学、英语、内科学四列,如图 4.33 所示。

步骤 2:设置图表类型:单击"常用"工具栏上的"图表向导" ![]图标 按钮,打开"图表向导-4 步骤之 1-图表类型"对话框,从中选择图表类型,如图 4.34 所示。

Excel 2003 中的图表类型有:柱形图、条形图、折线图、饼图、XY 散点图、面积图等,每一类图表都有若干种子图表类型。其默认的图表类型为簇状柱形图。

创建时应按具体情况从中选择最适合于表示数据内容的图表类型。例如,如果要表示

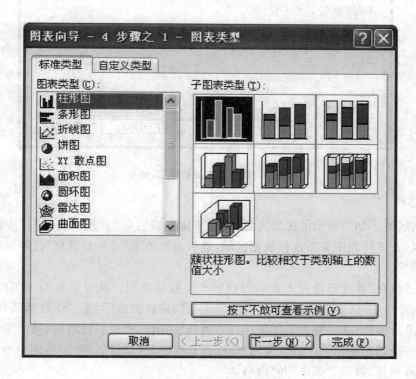

	A	B	C	D	E	F	G
1							
2		姓名	性别	数学	英语	内科学	总分
3		胡雪	女	64	76	71	211
4		张瑶瑶	女	79	67	65	211
5		徐鸿飞	女	55	96	77	228
6		刘海涛	男	70	77	89	236
7		潘龙	男	88	86	86	260
8		王晓阳	男	87	90	88	265
9		张斌	男	95	78	95	268
10							

图 4.33 选择数据区域

图 4.34 "图表类型"对话框

各部分数据之间的对比情况,可以选择柱形图;如果要表示数据随时间变化的发展趋势,可以选择折线图;如果要表示各数据项与整体之间的比例关系,可以选择饼图。

在"标准类型"或"自定义类型"选项卡中选择所需的图表类型及相应的子图表类型,单击"按下不放可查看示例"按钮,可以查看所选的数据区域转化成图表后的效果。

步骤 3:选择数据区域和系列:单击"下一步"按钮,出现"图表向导-4 步骤之 2-图表源数据"对话框。如图 4.35 所示。

其中"数据区域"选项卡用于选择创建图表的数据区域,在"数据区域"框中显示的是已

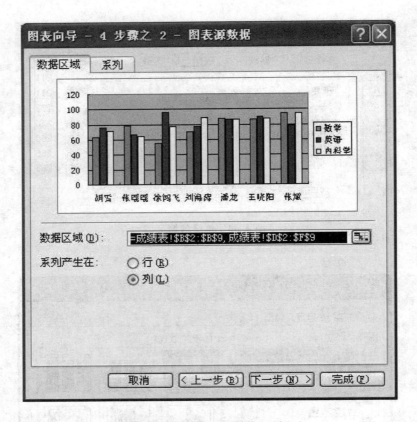

图 4.35 "图表源数据"对话框

选定的数据区域。如果显示的区域需要修改，可以单击右侧的"压缩对话框"按钮，暂时隐藏对话框，在工作表中重新选择数据区域，然后再次单击"压缩对话框"按钮返回到图 4.35所示的对话框。

"系列产生在"单选框设置图表以列或行产生数据系列。从对话框的示例可以看出，如果选择系列产生在列，那么一列数据（所有学生每门课程的成绩）是一个数据系列，分类轴（X轴）的标题是行标题（学生姓名）；如果选择系列产生在行，那么一行数据（每个学生 3 门课程的成绩）是一个数据系列，分类轴（X 轴）的标题是列标题（课程名称）。本例中选择系列产生在列，数据系列是"数学""英语"和"内科学"。

在该对话框的"系列"选项卡中用户可以设置是否添加和删除数据系列，或者修改数据系列的名称和分类轴标志。

步骤 4：添加图表选项。单击"下一步"按钮，出现"图表向导-4 步骤之 3-图表选项"对话框，如图 4.36 所示。对话框中有 6 个选项卡，可以设置图表的各项参数。

"标题"选项卡：设置图表标题、分类（X）轴标题和数值（Y）轴标题。

"坐标轴"选项卡：设定图表中是否显示分类（X）轴和数值（Y）轴。

"网格线"选项卡：设置图表中是否显示坐标轴网格线。

"图例"选项卡：选择图表中是否显示图例及图例的位置。

"数据标志"选项卡：设置图表中是否显示数据标志和显示形式。

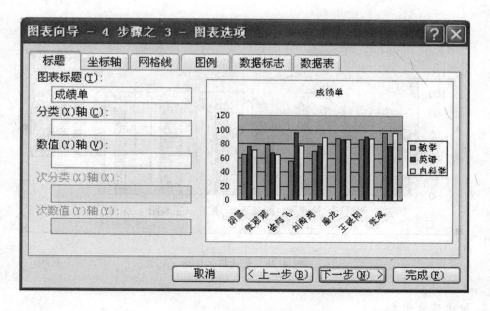

图 4.36 "图表选项"对话框

"数据表"选项卡：设置是图表中是否显示数据表。

本例中，设置"图表标题"为"成绩单"。

步骤 5：确定图表位置。单击"下一步"按钮，出现"图表向导-4 步骤之 4-图表位置"对话框，如图 4.37 所示。

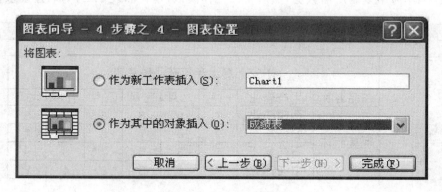

图 4.37 "图表位置"对话框

这一步确定当前的图表是嵌入图表还是独立的图表工作表。选择"作为新工作表插入"单选项，表示创建的图表将产生在一个独立的新工作表 Chart1 中，称为图表工作表，Excel 将在当前工作簿上建立新工作表 Chart1；选择"作为其中的对象插入"选项将生成嵌入图表，图表和源数据在同一个工作表中。

步骤 6：设置完毕，单击"完成"，如图 4.38 所示，这样，一张图表就创建好了。

在建立图表的过程中，可以随时单击"上一步"按钮，修改先前的设置。如有必要，对于已经创建的图表，也可以使用"图表向导"来进行修改。

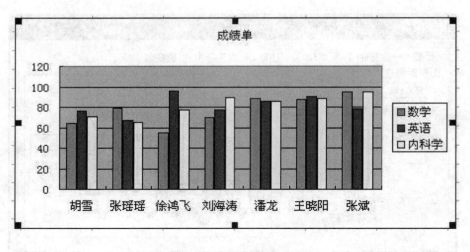

图 4.38　创建好的图表

2．快速建立图表

选定数据区域以后，按一下 F11 键，可以直接建立图表类型为"簇状柱形图"的独立图表。利用"图表"工具栏也可以快速建立图表，选定数据区域后从"图表"工具栏的"图表类型"中选择所需的图表类型，就可创建该类型的图表。

学生上机操作。

(1)启动 Excel,新建工作簿,在 Sheet1 工作表中录入图 4.39 所示的数据,也可以从"药品销售表"工作簿中复制所需数据,然后将该工作簿以"销售图表．xls"为名按要求保存。

	A	B	C	D	E	F	G	H	I
1									
2		平安药房上半年药品销售表							
3		药品名称	生产企业	一月	二月	三月	四月	五月	六月
4		阿莫西林	西南药业	7	9	8	6	7	6
5			石药集团	9	6	7	6	8	7
6			石药集团	4	8	5	7	6	6
7			中诺药业	7	9	8	6	4	7

图 4.39　图表数据区域

(2)用(C3:I7)区域中的数据创建一张图表,图表类型为三维簇状柱形图,系列产生在列,将图表插入工作表 Sheet1 中。

(3)选中(C3:I4)区域的数据创建一张独立图表,图表类型为三维饼图,系列产生在行,将图表作为新工作 Chart1 表插入。

知识点 2　**编辑图表**

在图表创建后,有时需要对图表做进一步修改。可以更改图表所用的数据,对图表进行编辑和格式化等。如移动图表、调整图表大小、更改图表中的数据、改变图表类型等;还可以设置图表对象的边框、颜色、坐标轴格式以及填充效果等。

单击要修改图表的边框和绘图区之间的空白区，选中整个图表，图表四周出现了 8 个控点，就可以对图表进行编辑了。这时菜单栏的"数据"菜单自动变为"图表"菜单，并且"插入""格式"菜单中的命令选项也会自动地变为与图表有关的命令。

1. 图表的基本组成

要想编辑出美观实用的图表，首先要了解图表的组成元素，并能正确地选定图表的相应部位。一个图表包括数据标记、数据系列、图例、网格线、绘图区、坐标轴、图表区等。

2. 图表的编辑工具

对图表进行编辑，可以使用"图表"工具栏、"图表"菜单或"图表向导"按钮来实现，这些菜单项和工具按钮包含了对图表进行编辑和格式化的功能。"图表"工具栏如图 4.40 所示。如未能显示"图表"工具栏，可在"视图"菜单中指向"工具"，从中单击"图表"命令。

图 4.40　"图表"工具栏

也可以在选中某个图表对象后，单击鼠标右键，弹出快捷菜单，此快捷菜单中包含了对图表对象的所有编辑选项。还可以用鼠标双击图表对象，弹出对图表对象进行格式设置的对话框，以设置它的格式。

3. 移动、复制、缩放和删除图表

用鼠标单击并按住图表的空白区拖动即可以移动图表。按住 Ctrl 键的同时拖动图表，可以复制图表。选中图表后，拖动图表四周的控点可以调整图表的大小。选中图表后，按 Del 键则删除所选中的图表。

4. 改变图表的类型

选中图表后，选择"图表"菜单的"图表类型"命令，打开"图表类型"对话框，可以改变图表类型及其子类型。若单击"图表"工具栏上的"图表类型"按钮，从下拉列表中可以选择需要的图表类型（但无法改变子类型）。

5. 删除和增加图表数据

如对图表中的数据进行删除或增加，将不会影响工作表中的数据。

（1）删除数据系列：要删除图表中的某个数据系列，先要选定需要删除的数据系列。例如选定"数学"系列，按一下 Del 键，就可以把这个数据系列从图表中删除，图表中只剩下"英语"和"内科学"两个数据系列，此时工作表中的数据不会发生变化。

（2）添加数据系列：给嵌入图表添加新的数据系列，如果要添加的数据区域是连续的，如"数学"系列所在的（D2:D9）区域，只需在工作表中选中该区域，然后将数据拖动到图表中，图表中就会新增这个数据系列。

如果要添加的数据区域不连续，或者给独立的图表添加数据系列，选择"图表"菜单中的"添加数据"命令，打开"添加数据"对话框，如图 4.41 所示，在工作表中选定数据区域，然后单击"确定"按钮。

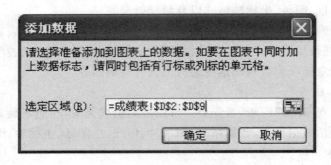

图 4.41 "添加数据"对话框

6. 设置图表选项

选定图表后，选择"图表"菜单的"图表选项"命令，打开"图表选项"对话框，可以在 6 个选项卡中修改图表的各项参数，如编辑图表标题，设置坐标轴标题及坐标轴，设置网格线，添加或删除图例及修改图例的位置，添加或删除数据标志，是否显示数据表等。

7. 改变图表的位置

选定图表后，选择"图表"菜单或快捷菜单中的"位置"命令，打开"图表位置"对话框，可以改变当前图表的位置，选择该图表作为新工作表插入，或是作为其中的对象插入（即嵌入图表）。

8. 图表对象的格式化

图表对象的格式化包括设置文字和数值的格式、颜色、外观等，通过这些设置，可以让图表更加美观。由于不同的图表对象格式化的内容不同，所以其对话框的组成也不同。

双击图表中要设置格式的某个图表对象（或是从"图表"工具栏的"图表对象"下拉列表框中选择要设置格式的图表对象，再单击其右侧的相应的"格式"按钮），打开格式设置对话框，从中即可进行相应的设置。

（1）设置填充与图案

例如，设置图表区的边框为蓝色、圆角，填充效果为预设颜色"雨后初晴"，绘图区域颜色为无色，给每个数据系列添加不同的填充效果。其操作方法如下。

步骤 1：双击图表区，打开"图表区格式"对话框，在"图案"选项卡中设置边框为蓝色、圆角，如图 4.42 所示。

步骤 2：在对话框上单击"填充效果"按钮，打开"填充效果"对话框，如图 4.43 所示。在"渐变"选项卡下单击"预设"单选按钮，从右边的"预设颜色"下拉列表中选择"雨后初晴"，单击"确定"按钮。

步骤 3：双击绘图区，打开"绘图区格式"对话框，设置绘图区域颜色与步骤 2 相同。

步骤 4：双击一个数据系列，打开"数据系列格式"对话框，在"图案"选项卡中单击"填充效果"按钮，打开"填充效果"对话框，分别在"渐变""纹理""图案"选项卡中，给每个数据系列添加不同的填充效果。

（2）设置字体："字体"选项卡可以设置字体、字形、字号、下划线、颜色、背景色等。如设置图表标题为楷体、加粗、字号为 12，设置分类轴字体颜色为深红，字号为 9。操作方法如下。

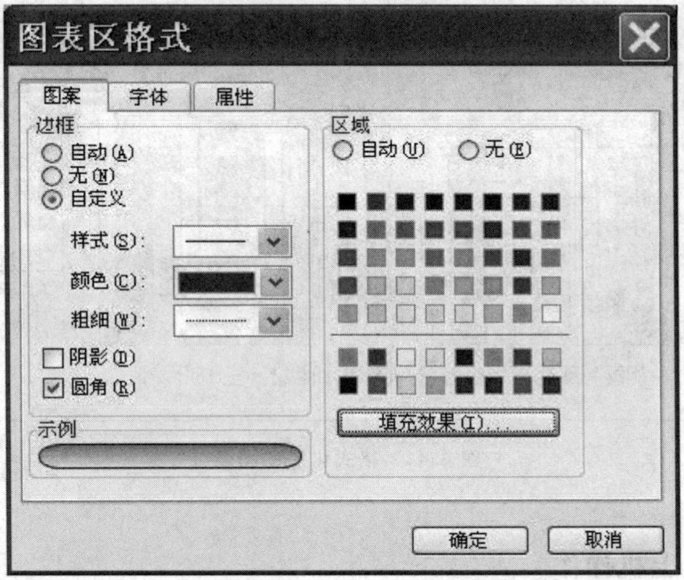

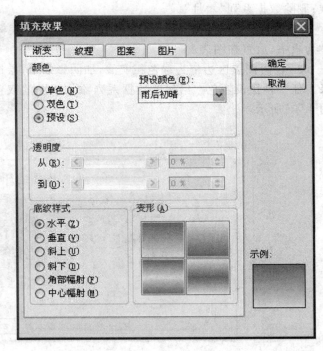

图 4.42　"图案"选项卡

步骤 1：双击图表标题，打开"图表标题格式"对话框，单击"字体"选项卡，设置标题为楷体、加粗、字号为12，然后单击"确定"。

步骤 2：双击分类轴，打开"坐标轴格式"对话框，在"字体"选项卡中，设置字体颜色为深红、字号为 9，然后单击"确定"。

（3）刻度设置："刻度"选项卡可以设置刻度的最大值、最小值、刻度单位等。例如设置数值轴刻度最大值为100、最小值为 0、主要刻度单位为 20。操作方法如下。

步骤 1：双击数值轴，打开"坐标轴格式"对话框。

步骤 2：单击"刻度"选项卡，设置数值轴刻度最大值 100、最小值 0、主要刻度单位为 20。

经格式化之后，图表如图 4.44所示。

图 4.43　"填充效果"对话框

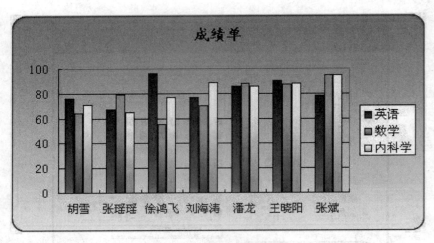

图 4.44　格式化后的图表

4.5.3　学生上机操作

1. 打开"销售图表.xls"工作簿的 Sheet1 工作表,将其中的图表拖动到 B10:J21 所在区域,添加图表标题为"药品销售统计表",分类轴标题为"阿莫西林";添加分类轴主要网格线;删除数据系列"六月"。

2. 设置分类轴字体为楷体、字号为 11、蓝色;图表标题为楷体、加粗、字号为 14;图例字体为隶书,放置在图表的底部。

3. 设置图表区边框为绿色粗实线,加阴影效果;绘图区填充色为天蓝色,背景墙填充效果为任一种预设颜色。给每个数据系列添加不同的双色渐变填充效果。设置后的图表,如图 4.45 所示。

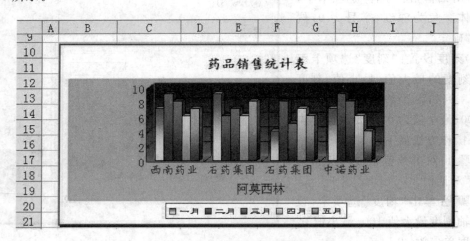

图 4.45　药品销售统计图表

4.5.4　任务完成评价

Excel 工作表中的数值型数据可以用各种不同的图表来表示,工作表数据变化时,图表也会随之更新。通过完成上面的任务,同学们掌握了图表的创建方法、编辑修改方法、格式化设置方法等知识和操作技能。

4.5.5 知识技能拓展

Excel 2003 默认的图表类型是"簇状柱形图"。用户在创建图表时,如果不选择图表类型,将使用默认的图表类型来创建图表。如果要将其他标准的图表类型(如柱形圆柱图)设置为默认图表类型,可以在工作表中选定一个图表,然后从"图表"菜单中选择"图表类型"命令,在打开的"图表类型"对话框的"标准类型"选项卡中,选中要设为默认类型的柱形圆柱图,单击"设为默认图表"按钮,在弹出的提示对话框中单击"是"按钮,就可以更改 Excel 默认的图表类型。

4.6 任务六 设置页面与打印

打印工作表前需要设置页面、页边距及打印预览等,这些操作与 Word 文档的页面设置相似,除此以外还需要进行一些与工作表有关的设置。

4.6.1 任务目标展示

1. 掌握在工作表中设置打印区域的操作方法。
2. 熟悉插入手工分页符的操作方法。
3. 掌握页面设置的方法。

4.6.2 知识要点解析

知识点 1 **打印前的准备工作**

在打印之前,用户根据需要可做一些准备工作,如设置打印区域和手动分页等。

1. 设置打印区域

如果只需要打印工作表上的一部分单元格区域,可以在工作表上设置打印区域。设置方法是:先在工作表中选定要打印的区域,例如"成绩单"工作表中的(A1:I24)区域,然后在"文件"菜单中指向"打印区域",在其子菜单中选择"设置打印区域"命令,选定区域四周出现虚线框,表示这是设置好的打印区域。保存工作表时,同时保存所设的打印区域。

如果要改变打印区域,需要取消原来设定的打印区域再重新设置。在"文件"菜单中指向"打印区域"命令,在其子菜单中选择"取消打印区域"命令。

2. 插入和删除分页符

自动分页有时不能满足使用要求,用户可以进行手动分页。选定单元格,选择"插入"菜单的"分页符"命令,将在当前单元格的上方和左侧添加水平和垂直两条分页符。如果选中一行将在该行上边插入水平分页符,选中一列将在该列左侧插入垂直分页符。

如果要取消手动插入的分页符,先选定单元格,选择"插入"菜单的"删除分页符"命令,将删除当前单元格左侧和上边的分页符。选中整个工作表,选择"插入"菜单的"重置所有分页符"命令可以删除工作表中的所有手动分页符。

3. 分页预览

选择"视图"菜单的"分页预览"命令,进入分页预览视图,可以查看当前工作表中要打印的区域和分页符位置。要打印的区域显示为白色,自动分页符显示为蓝色粗虚线,手动分页符显示为蓝色粗实线。每页区域中间都有浅色的页码显示。

在分页预览中可以调整打印区域,改变分页符的位置。要退出分页预览,选择"视图"菜单中的"普通"命令,返回到普通视图。

知识点 2 页面设置

页面设置包括设置工作表打印纸张大小、打印方向、页边距、页眉和页脚等。Excel 有默认的页面设置。用户可以选择"文件"菜单的"页面设置"命令,在打开的"页面设置"对话框中修改设置。

在"页面"选项卡中,可以设置打印的方向、纸张大小、缩放比例、起始页码等。"缩放比例"单选项用于放大或缩小打印工作表,100%为正常大小。"调整为"单选项可以把工作表拆分为几部分打印。

在"页边距"选项卡中,可以设置打印时的页边距,即页面上、下、左、右留出的空白;还可以修改页眉、页脚的位置,该设置值应小于上下页边距,否则页眉页脚将与正文重合;"居中方式"选项设置打印数据在纸张上水平居中或垂直居中,默认是靠上靠左对齐。

在"页眉/页脚"选项卡中,可以为工作表设置页眉和页脚。页眉打印在每页的顶部,页脚打印在每页的底部。页眉和页脚独立于工作表数据,只有在打印预览和打印时才能显示。设置页眉、页脚有两种方法,第一种方法可以分别从选项卡的页眉、页脚的下拉列表框中选择系统预定义的格式。第二种方法是自定义页眉、页脚,单击选项卡上的"自定义页眉"或"自定义页脚"按钮,弹出"页眉"或"页脚"对话框,在"左""中""右"编辑框中输入所需内容,输入的内容将在页眉或页脚区域自动左对齐、居中对齐或右对齐。还可以单击编辑框上方的一排按钮来编辑相应的内容。这些按钮自左至右分别用于设置字体,插入页码、总页数、当前日期、当前时间名及插入图片等。

在"工作表"选项卡,可以设置打印区域、打印标题、打印顺序等。

知识点 3 打印输出

在打印输出之前,可以利用打印预览功能查看打印的设置结果,浏览文件的外观。选择"文件"菜单的"打印预览"命令,或单击"常用"工具栏的"打印预览"按钮,屏幕上显示"打印预览"界面。

在预览状态下,可通过窗口上的工具按钮进行相应的操作。"缩放",可在工作表的总体预览和放大状态之间进行切换;"打印",可打开"打印"对话框,进行打印设置;"设置",打开"页面设置"对话框,修改页面设置;"页边距",按下此按钮视图中将出现虚线表示页边距和页眉、页脚的位置,用鼠标拖动虚线可以直接改变它们的位置,比在"页面设置"对话框中设置更为直观;"分页预览",可以打开"分页预览"视图;"关闭",关闭打印预览窗口,返回到普通视图。

以上设置后,工作表就可以打印了。单击"常用"工具栏的"打印"按钮可以按默认设置打印当前工作表。

如想设置打印份数、打印范围等,还需进行打印设置。在"文件"菜单中选择"打印"命令,打开"打印"对话框,从中可设置打印机名称,打印范围,打印内容和打印份数等;如果此前从未添加过打印机,可通过"查找打印机"对话框,从中按照"添加打印机"向导的指导进行设置,可完成添加打印机的工作。

4.6.3 学生上机操作

1. 打开工作簿"销售图表.xls",在工作表 Sheet1 中设置打印区域为(A1:K22);在第 9 行上边插入分页符。

2. 设置纸张大小为 A4,打印时表格水平居中,上下页边距为 3cm。设置自定义页眉为"阿莫西林销售统计图表",居中对齐,页脚为预定义的"第 1 页,销售图表.xls",并打印预览当前工作表。

4.6.4 任务完成评价

打印工作表的步骤一般是先进行页面设置,然后打印预览,最后打印。页面设置主要包括纸张大小、页边距、页眉、页脚等的设置,还可以根据需要进行手动分页。在打印前通过打印预览查看所设置的打印效果,有不合适的地方可以重新设置。

4.6.5 知识技能拓展

如果要想在打印的每一页工作表上添加某种徽标图案,可以采用在页眉中插入图片的方法来实现。你不妨试一试。

（靳　鹏　王雪筠）

本章习题

一、单项选择题

1. 在 Excel 中,下列叙述中不正确的是( )。
    A. 单元格中输入的内容可以是文字、数字、公式
    B. 每个工作表有 256 列、65 536 行
    C. 输入的字符不能超过单元格宽度
    D. 每个工作簿可以由多个工作表组成

2. 若 A1 单元格为 IT,B1 单元格为 5,则公式"＝SUM(A1,B1,3)"的计算结果为( )。
    A. 3　　B. 5　　C. 8　　D. 这个公式错了

3. 公式"＝AVERAGE(C3:C5)"的作用是( )。
    A. 求 C3 到 C5 这三个单元格数据的平均
    B. 求 C3 和 C5 这两个单元格数据的平均
    C. 求 C3 和 C5 这两个单元格的比值
    D. 以上说法都不对

二、多项选择题

1. 在 Excel 2003 中,下列关于数据清单的说法正确的是_____。
    A. 具有二维表性质的电子表格在 Excel 中被称为数据清单
    B. Excel 2003 会自动将数据清单视作数据库
    C. 数据清单中的列标志是数据库中的字段名
    D. 数据清单中的每一列对应数据库中的一条记录

2. 建立好图表后,用户可以修改图表的_____。

A. 大小　　B. 类型　　C. 数据系列　　D. 标题文字大小

3. 在 Excel 2003 中打印工作表时，可以打印＿＿＿＿。

A. 顶端标题行　　B. 左端标题列　　C. 行号和列标　　D. 批注

第 5 章

Power Point 2003 演示文稿的制作

Power Point 2003 是 Microsoft 公司推出的 Office 2003 系列产品之一,主要用于制作演示文稿。用 Power Point 2003 制作的演示文稿可以通过计算机或投影机播放,在演讲、教学和产品演示等方面都有广泛的应用。

本章学习和研究的内容包括 Power Point 2003 基本编辑操作、模板的应用、版式选择、动画方案设置以及多媒体(图片、声音、动画和影集)的插入等。通过本章的学习,能够较好地掌握制作演示文稿的方法,制作出美观适用的演示文稿。

5.1 任务一 Power Point 2003 的基本操作

5.1.1 任务目标展示

1. 能熟练地创建演示文稿。
2. 区分四种视图的使用场合,正确使用演示文稿的四种视图方式。
3. 能熟练地在幻灯片中输入文字,插入艺术字,插入剪贴画、图表等各种对象。
4. 熟练地掌握幻灯片中各种对象的编辑方法。
5. 掌握幻灯片的插入、删除、移动和复制。

5.1.2 知识要点解析

知识点 1 **认识 Power Point 2003**

一份演示文稿通常由多张幻灯片组成,制作的过程一般有下几个步骤:

第一,确定主题准备素材,主要是要准备一些与主题有关的文字、图片、声音和动画等素材。第二,设计制作方案,对要制作的演示文稿整体架构做一个设计,做到心中有数。第三,初步制作,将所需的文本、图片以及其他的对象先简单地输入或插入到相应的幻灯片中。第四,幻灯片的修饰,确定幻灯片的整体风格,设置相应的动画和放映方式。第五,预演效果,播放查看所设置的效果,并对相应设置进行调整直到满意为止。

现在使用幻灯片的场合越来越多,无论是演讲、产品展示、教学还是自我介绍等方面,大家都会选择演示文稿,来提高所展示的内容和效果。但制作演示文稿应遵循简洁、美观的原则,切忌使用大量文字,要把大量的文本内容留给演说者,让他们充分发挥自己的演说才能,而不是对着幻灯片文稿照本宣科。

1. Power Point 2003 的启动与退出

(1)启动 Power Point 2003:由于前面已经学习了 Word 2003 和 Excel 2003,启动和退出

Power Point 2003 的方法与它们相同,都可以通过选择"开始"菜单,指向"程序",再指向 "Microsoft Office",从中单击 Microsoft Power Point 2003 命令来打开。

(2)退出 Power Point 2003:退出的方法跟 Word 2003 和 Excel 2003 的相同,在此不再 重复。

2. 打开与保存演示文稿

打开演示文稿的方法是:启动 Power Point 2003,在"文件"菜单中选择"打开"或单击 "常用"工具栏上的打开 📂 按钮,在"打开"对话框中查找并打开。

例如要制作一份"个人简介",如上启动 Power Point 2003 后,用鼠标点击大纲窗格中的 幻灯片,然后按"Enter"键可以快速地插入一张或多张空白幻灯片。

在制作演示文稿过程中,要及时保存文件以免丢失数据,常用的保存方法是:单击"文 件"中的"保存"命令,或单击"常用"工具栏上的保存 🖫 按钮。

3. Power Point 2003 的窗口

启动 Power Point 2003 程序后系统会出现一张空白的标题幻灯片,窗口界面如图 5.1 所示,在工作区中有上下两个文本框,单击两个文本框中任何一个就可以添加文本。在任务 窗格中,在操作不同的任务时,其中显示的内容也不同。

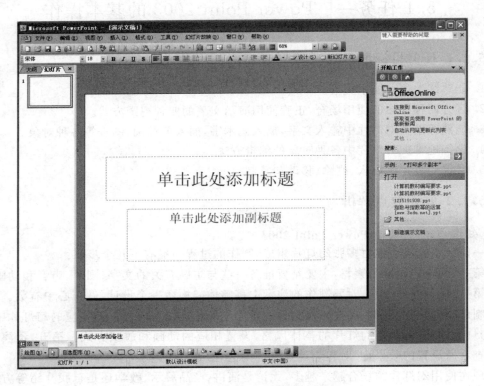

图 5.1 Power Point 2003 的窗口

4. Power Point 2003 的视图

在 Power Point 2003 窗口中观察演示文稿的方法有多种,可通过不同的视图方式观看 幻灯片。其视图方式有普通视图、幻灯片浏览视图、幻灯片放映视图等。其中普通视图是大家经常使用的。如果幻灯片的张数较多,在浏览或移动幻灯片时,可采用幻灯片浏览视图方式。

学生上机操作:创建一份"个人简介"演示文稿(内容如下,也可自行设计,要求包含 5 张幻灯片),文件名为"个人简介 1",观察四种不同的视图界面。

个人基本资料:

姓名:张明月　性别：女　民族:汉族　政治面貌:团员　出生日期:1987 年 9 月 户口:广东省　婚姻状况:未婚 学历:大专　毕业院校:嘉应学院　毕业时间:2009 年 7 月 所学专业:护理　外语水平:英语四级　电脑水平:熟练　工作年限:实习/应届生　联系方式:15999999999

求职意向:

单位性质:事业、国有企业

期望行业:医疗、保健、卫生服务、医疗设备

期望职位:医疗管理人员、医疗技术人员、护士/护理人员

工作地点:广州市及其周边地区,可以接受出差

期望月薪:不限/面议

自我评价

我是一个充满自信心且具有高度责任感的女孩,经过 1 年多的临床实习,强烈认识到爱心、耐心和高度责任感对护理工作的重要性!经过临床 1 年的锻炼,我学会了很多的知识,临床护理和急救的训练更加磨炼了我的意志,极大地提高了我的操作能力和水平。自信这一年的工作让我实现了从护理实习生到专科护士的飞跃,有信心接受一份全职护理工作。当然一年的时间不可能完全达到专业护士的要求,在以后的工作中我会更加努力,为护理工作尽职尽责!

教育经历与培训经历

2006.9—2009.7　嘉应学院　护理大专

2008.7—2009.5　市一人民医院实习,实习评价为"优秀"

知识点 2　**编辑演示文稿**

1. 编辑文本

在新建一个演示文稿时,文稿中的第一张幻灯片都是标题幻灯片,工作区中有上下两个标题栏,用户可以在这两个文本框中添加文字,框的大小和位置可以改变,另外也可以在绘图工具栏中选择文本框工具 🔲 和 🔲 ,自行画框添加文字。

文本的格式设置与在 Word 2003 中的操作方法相同,例如可以设置字体、字号、加粗、倾斜、下划线、字体颜色等。

2. 在幻灯片中插入图片、图表等对象

在演示文稿的编辑过程中免不了要用图片、图表等突出演示的对象。要简化讲述内容,通常会选用"内容"版式,如图 5.2 所示。

点击"内容框"中相应的图标就能分别插入剪贴画、图表、声音、组织结构图等对象,其编辑的方法与 Word 2003 中的编辑方法相同,在此不再重复。除了插入这些内容以外,还可以插入自选图形中的各种图形,也可以插入艺术字,例如图 5.3 中就分别用到了图表、艺术字、自选图形以及大量的图片,使得表述的内容简单明了,以收到较好的效果。

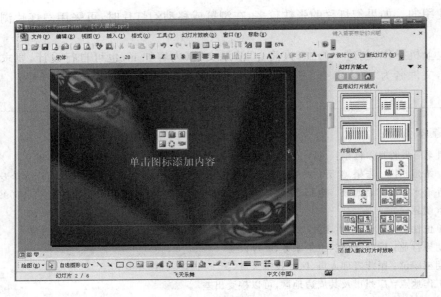

图 5.2　内容版式

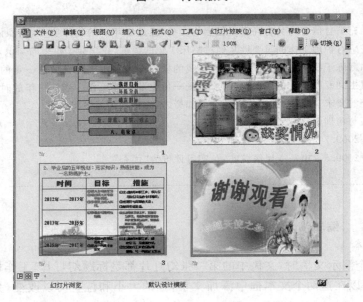

图 5.3　内容的设计效果

3. 设置项目符号

项目符号在幻灯片的制作中比较常用,主要是为了在放映过程中使各个项目不要显得太单调,另外用项目符号会使各项内容呈现时具有条理和层次。

先选定要设置的文本框。单击"格式"菜单中"项目符号和编号"命令,打开"项目符号和编号"对话框,由此可以选择插入项目符号或编号,如图 5.4 所示。

4. 插入新幻灯片

插入幻灯片有几种方法。最简单的方法是:点击大纲窗格的一张幻灯片然后按"回车",即可在当前幻灯片后面添加一张新的幻灯片。

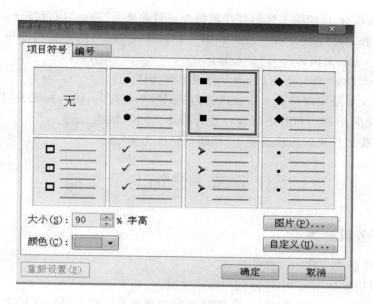

图 5.4　项目符号

　　另外,选择"插入"菜单中的"插入新幻灯片"命令,也可在当前幻灯片后插入一张新幻灯片,如图 5.5 所示。

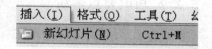

图 5.5　插入新幻灯片

　　5. 删除幻灯片

　　方法一:在普通视图方式的大纲窗格点击要删除的幻灯片,然后按"Delete"键,就可删除幻灯片。

　　方法二:在浏览视图方式下选中要删除的幻灯片,然后按"Delete"键,就可删除所选定的幻灯片(无论是在普通视图还是浏览视图下,每一张幻灯片都有编号,可以清楚地知道每张幻灯片的位置)。

　　6. 移动和复制幻灯片

　　(1)移动幻灯片:可分别在普通视图和浏览视图下完成。

　　方法一:在普通视图下,选中你要移动的幻灯片按住鼠标的左键往上或往下拖动,就能往上或往下移动幻灯片。

　　方法二:在浏览视图下,选中所要移动的幻灯片往后或往上、下拖动就能完成幻灯片的移动。

　　(2)复制幻灯片:一般是在当要制作的幻灯片与前面的幻灯片格式相同时,通常可以选择复制的方法。这跟文本的复制方法一样,这里不再重复。

5.1.3　学生上机操作

1. 打开演示文稿"个人简介 1. ppt",完成下列操作:

　　(1)把"个人简介 1"的第 4 张幻灯片中的文字设置为隶书、3 号、加粗,文字颜色为蓝色。

　　(2)在第 4 张幻灯片后添加一张新的幻灯片,在新幻灯片中加入竖排的文本框,在文本框中写上自己的座右铭,调整文本框位置使之位于页面居中。

（3）在"个人简介 1"的第 3 张幻灯片的每个项目前插入"菱形"项目符号。

（4）在第 3 张幻灯片后插入一张版式为"内容"的空白幻灯，并在内容框中插入一个图表。把调整过的演示文稿另存为"个人简介 2"。

2. 打开演示文稿"个人简介 2.ppt"，完成下列操作：

（1）在演示文稿最后面插入一张版式名为"标题"的幻灯片，输入标题为：凡人凡言。

（2）将"自我简介 2"幻灯片的标题设置为黑体、66 磅、加粗、绿色。

（3）将第三张幻灯片的版式改变为"标题和竖排文字"版式。

5.2 任务二　修饰演示文稿

5.2.1 任务目标展示

1. 会使用母版统一演示文稿的版式。

2. 使用"应用设计模板"熟练地创建演示文稿。

3. 设置幻灯片的背景及配色方案，使用不同的背景丰富和烘托幻灯片的主题。

4. 熟练运用演示文稿的不同修饰方法，提高审美能力。

5.2.2 知识要点解析

知识点 1　应用设计模板

如果能巧妙地利用 Power Point 2003 上的模板，就可以为编辑工作带来很大的方便，提高演示文稿设计的工作效率。Power Point 2003 上自带了丰富的模块，如果这些还不够用的话，还可以从网上选择下载更多的模块。

应用设计模板的操作方法如下。

选择"格式"菜单中的"幻灯片设计"命令，窗口中显示"应用设计模板"任务窗格。当鼠标停留在其中的某一个"设计模版"上时，在右下脚会显示模板的名称。当前所显示的模板并不是按字母排序的，如果要找一个已知名称的模板，有效的方法是点击任务窗格下方的"浏览"按钮，则会弹出"应用设计模板"对话框，如图 5.6 所示的窗口。

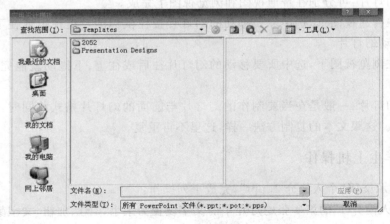

图 5.6　按顺序查找应用设计模板

其中的文件夹中就有模板,例如双击"Presentation Designs"打开这个文件夹,再在空白处按右键,在弹出的快捷菜单中指向"排列图标",从中单击"名称",文件夹中的图标就按名称排序了,要查找具体的模板文件名也就方便了。

如果要想让每张幻灯片的模板都不一样,可以先选定要修改的幻灯片,再在"应用设计模板"任务窗格中选定要使用的模板,单击右键,从快捷菜单中单击"应用于选定幻灯片",这个模板即应用到当前幻灯片上。

知识点 2 使用母版

所谓"母版"就是一种特殊的幻灯片,其中包含了幻灯片的文本和页脚(如日期、时间和幻灯片编号)等占位符,这些占位符控制了幻灯片的字体、字号、颜色(包括背景色)、阴影和项目符号等版式要素。

母版通常包括幻灯片母版、讲义母版、备注母版3种版式。

幻灯片母版通常用来制作统一格式的演示文稿的幻灯片,一旦修改了幻灯片母版,则所有采用这一母版所建立的幻灯片的格式也随之发生改变。

在制作幻灯片的过程中,经常会遇到这样的问题。比如想在每张幻灯片的片头插入公司的"徽标"或是使每张幻灯片具有相同的标题,这时使用母版就是一种行之有效的方法。

下面介绍如何在幻灯片片头插入一个"徽标"。

先要准备好所需要的"徽标"图片。然后按如下方法操作。

步骤1:打开"个人简介2"。

步骤2:在"视图"菜单中指向"母版",从中单击"幻灯片母版"命令,进入"幻灯片母版视图"状态,此时"幻灯片母版视图"工具栏也随之被打开(图5.7)。

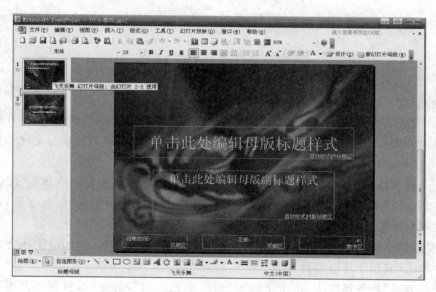

图 5.7 母版示意图

步骤3:要把"徽标"插入到片头,在"插入"菜单中指向"图片",从中单击"来自文件"命令,找到并插入所需要的"徽标"图片(这时所插入的图片大小和位置可能不合适),单击图片,调整图片的大小和位置,调整完毕,点击母版工具栏上的"关闭母版视图"。这时所有的幻灯片都添加上了"徽标"图片。这个图片在编辑中受到保护,不可直接编辑修改。如果要修改它,必须回到母版模式下才能进行。

标题的创建则更简单,只需在母版模式下点击标题区添加上文本即可。

当采用了母版设计"徽标"和标题后,播放时"徽标"和标题不会随着幻灯片的播放方式的改变而改变,插入后的效果如 5.8 图所示。

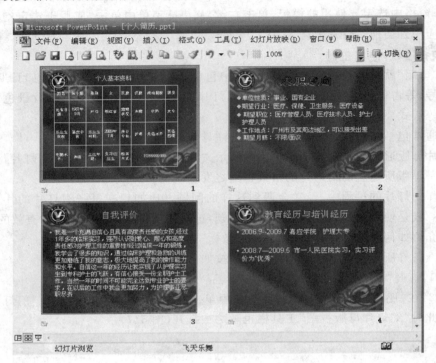

图 5.8 插入"徽标"后的效果图

知识点 3　　**设置幻灯片的配色方案**

在编辑演示文稿时,可以为整个演示文稿应用一种标准配色方案使文稿具有统一的风格,也可单独为每张幻灯片应用或自定义不同的配色方案,使演示文稿富有变化和更具个性化。常用的操作方法有如下两种。

方法一:在幻灯片空白处单击右键,指向"幻灯片设计",在任务窗格中单击"配色方案"。

方法二:选择"格式"菜单,指向"幻灯片设计",在任务窗格中单击"配色方案",在"配色方案"列表中选择最接近要求的配色方案,则为所有幻灯片应用了该配色方案。

如果要为演示文稿中的某一选定幻灯片应用指定的配色方案,请单击配色方案上的箭头,再从中单击"应用于所选幻灯片"。

在"配色方案"任务窗格中,单击下部的"编辑配色方案",打开"编辑配色方案"对话框,如图 5.9 所示。单击其中的"自定义"选项卡,在"配色方案颜色"下可对"背景""文本与线条""阴影""标题文本""填充""强调""强调文字和超链接""强调文字和已访问的超链接"的颜色进行设置。双击相应的项目(例如"强调文字和超链接")前的色块,在弹出的"强调文字和超链接"颜色调色板的"标准"标签中选择一种合适的颜色(例如深蓝色),单击"确定",最后单击"应用"。

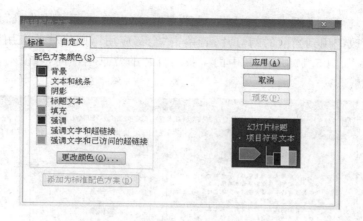

图 5.9　配色方案

知识点 4　设置幻灯片的背景

幻灯片的背景设置,可以只改变单张幻灯片的背景,也可以改变所有幻灯片的背景。背景设置中的背景类型有颜色和填充效果两类,其中填充效果中包括渐变、图案或纹理以及图片(使用过程中只能选择一种类型)。

有的人喜欢把个人的相片作为背景,这也是可以的。但背景设置不宜太花哨,以免造成眼花缭乱之感,太凌乱的背景往往会喧宾夺主,失去了制作演示文稿的初衷,这时不妨试一试使用背景中的水印效果。

1. 更改幻灯片背景颜色

在幻灯片视图中,在“格式”菜单中单击“背景”,打开“背景”对话框,如图 5.10 所示。单击“背景填充”下的下拉箭头,从中选择颜色,再单击“应用”,则将更改应用到当前的幻灯片;若单击“全部应用”,则将更改应用到所有的幻灯片和幻灯片母版。

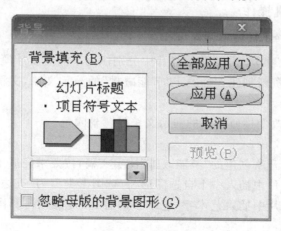

图 5.10　背景设置

2. 更改幻灯片背景的填充效果

在图 5.10 中,单击“背景填充”下的下拉箭头,从中选择“填充效果”,打开“填充效果”对话框,其中有渐变、纹理、图案和图片 4 个选项卡,从中单击某个选项卡,可分别进行相应的设置,各项设置均可在示例中看到结果,设置完毕,单击确定,回到"背景"对话框。若单击"应用",则将更改应用到当前的幻灯片;若单击"全部应用",则将更改应用到所有的幻灯片和幻灯片母版。如图5.11所示,其中的4张幻灯片的背景均不同,可使幻灯片的演示过程不会显得太单调。

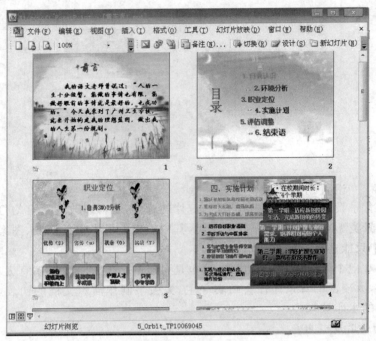

图5.11　使用不同背景设置

5.2.3　学生上机操作

1. 在"个人简介2"中使用母版插入自己学校的校徽。

2. 在"个人简介2"的第2~4张幻灯片中分别使用不同的设计模板。

3. 通过网络查找资料创建一个关于"节能减排"的演示文稿,文稿中的背景使用自己搜索到的图片。

4. 使用配色方案改变你所创建的演示文稿的背景颜色。

5. 及时保存演示文稿。

学生上机操作:打开所创建的"节能减排"演示文稿,按要求完成下列各项操作。

(1)在第1张幻灯片中插入一个自选图形,自选图形类型为"五边形"。

(2)在第3张幻灯片中插入艺术字,艺术字内容为"节能减排利国利民",艺术字样式为第1行第4列。

(3)设置演示文稿的"应用设计模板"名称为"capsules"。

(4)及时保存演示文稿。

5.2.4　任务完成评价

通过对本部分知识的学习和上机操作,大家能熟练地建立一个演示文稿,掌握了演示文稿的编辑方法,能根据需要使用母版与模板,统一整个演示文稿的风格。通过设置背景,可以更加丰富所创建的演示文稿。

5.2.5 知识技能拓展

1. 结合所学的 Word 2003 和 Excel 2003 知识为某医药公司制作一份销售业绩报告演示文稿(要求在幻灯片中要有表格、图表等内容)。

2. 给家人或好友制作一份新春贺卡,参照网上有关资料,结合所学的知识,尽力做到图文并茂,赏心悦目。

5.3 任务三 设置动画与超链接

动画效果和超级链接可以应用到幻灯片中的文本框、文本框中的段落、图片、声音、视频、表格等对象中,这样可以重点突出、控制信息流程、加强幻灯片内容的衔接和交互,并显著地提高幻灯片的趣味性。在具体实现方式上,Power Point 2003 提供了多种方案,如应用预设动画效果,自定义动画效果,设置幻灯片的切换效果,设置超级链接等。

5.3.1 任务目标展示

1. 掌握在幻灯片中为对象设置动画的两种方法。
2. 熟悉幻灯片中对象动作的添加与修改。
3. 熟悉幻灯片间切换方式的设置方法。

5.3.2 知识要点解析

知识点 1　**应用预设的动画方案**

Power Point 2003 提供了多种基本动画,这些动画被称为"动画方案"。预设的动画方案效果一般都是针对幻灯片的切换效果、标题动画、正文动画等简单的动画效果。

1. 使用预设动画方案

步骤 1:选定要设置动画的幻灯片(若应用到所有幻灯片则选定任一幻灯片)。

步骤 2:选择"幻灯片放映"菜单中的"动画方案"命令,打开如图 5.12 所示的"动画方案"任务窗格。

步骤 3:选择一种动画方案,如图中的"所有渐变"。

应指出,以上设置的结果是为选定的幻灯片中的标题和正文设置了渐变动画效果,但没有设置幻灯片的切换效果。

2. 预览动画

若勾选了"自动预览",在完成上述步骤 3 后,可以马上看到动画方案的效果。如果没有勾选,则要单击" ▶ 播放 "按钮来观看该幻灯片的动画效果;如果此时想观看整个文稿的演示效果,可以直接单击" 幻灯片放映 "按钮,若想将该动画方案应用到所有幻灯片中则可以单击" 应用于所有幻灯片 "按钮来实现。

知识点 2　设置幻灯片的切换方式

在演示文稿中,除了可以给对象添加动画效果,还可以在相邻的幻灯片间添加切换效果。前面所讲的预设动画方案中,有的包含了幻灯片切换效果,有的则没有包含。在 Power Point 2003 中,提供了切换效果的设置,其操作方法如下。

步骤 1:选中要设置切换效果的幻灯片。

步骤 2:单击"幻灯片放映"菜单中的"幻灯片切换"命令,任务窗格中的内容变为如图 5.13 所示的"幻灯片切换"面板。

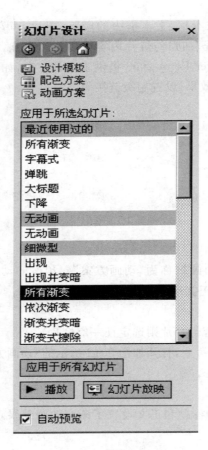

图 5.12　设置"动画方案"

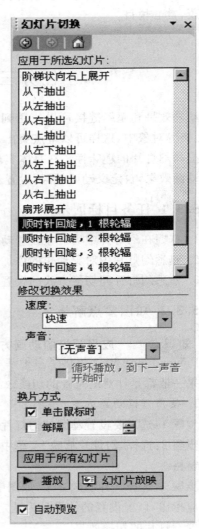

图 5.13　"幻灯片切换"面板

步骤 3:在"幻灯片切换"面板中,选择所需的切换效果,如选择"顺时针回旋,1 根轮辐"的切换效果,还可以在该面板中选择切换效果的速度、声音和换片方式。其中换片方式中的每隔多少秒钟可用于排练计时,即几秒钟后将自动切换下一张幻灯片。

步骤 4:设置完毕后,可以和前面预览动画一样预览切换效果。

如果单击"__应用于所有幻灯片__"按钮,就可以将所设置的幻灯片切换效果应用到所有幻灯片中。当然在一般情况下,不会将所有的幻灯片切换方式设置成一样的效果。

知识点3　设置自定义动画

前面所讲的预设动画方案中,有的标题包含了动画效果,有的正文包含了动画效果,而其他对象则没有包含动画效果,可不可以给某个具体的对象加上特定的动画效果呢? 回答是肯定的,那就是使用"自定义动画"来设置。其操作方法如下。

步骤1:在"普通"视图下,选定需要设置动画的幻灯片中的具体对象。

步骤2:单击"幻灯片放映"菜单中的"自定义动画"命令,任务窗格中的内容变为"自定义动画"面板,如图5.14所示。

图 5.14　"自定义动画"画板

步骤3:在"自定义动画"面板中,单击"__添加效果▼__"按钮,选择"进入"子菜单,如图5.15所示,可从中选择动画的"进入""强调""退出"效果和指定"动作路径",其中的每一类设置中又包含多种动画效果可供选择,单击某序号"效果"后将此动画效果应用到当前选定的对象上,如选择"8.颜色打字机"效果,可以看到文字对象从左到右从上到下先出现后变颜色的效果,这种效果在电视中播放时常用到。如果在列出的效果中没有所需要的,则可以在"其他效果"中进行选择。

步骤4:单击"▶ 播放"按钮,可以查看设置的动画效果,操作和前面预览"预设动画"相同。

步骤5:在"自定义动画"面板中选定一个已设置的动画时,可以对已设置的动画进行进一步设置或更改为其他类型的动画,选定后,"__添加效果▼__"会变成"__更改▼__"按钮,单击"__更改▼__"按钮可以更改动画类型,单击列表中某动画右边的下拉列表按钮,会出现如图5.16所示的"动画效果设置"菜单,从中可以设置动画的启动顺序。

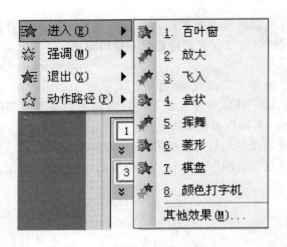

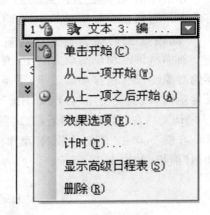

图 5.15　添加动画的"进入"效果　　　　图 5.16　"动画效果设置"菜单

知识点 4　设置幻灯片的超链接

在 Power Point 2003 中,利用"超链接"功能,可制作出具有较强交互功能的文稿,类似于网页中的链接功能,可以丰富和扩展文稿内容,可以通过超链接来打开指定的幻灯片、运行外部程序、播放指定视频等。

1. 设置对象的超链接

步骤 1:选定要建立超链接的对象(可以是图片、部分文本、文本框等)。

步骤 2:选择"插入"菜单中的"超链接"命令,弹出如图 5.17 所示的"插入超链接"对话框。

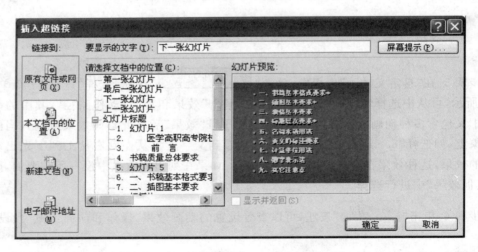

图 5.17　"插入超链接"对话框

步骤 3:从"插入超链接"对话框中选择要链接的位置(可以是其他文档或网络地址及文档中的某一张幻灯片等),还可以设置屏幕提示信息,该提示信息可以提前告诉你单击链接后将切换的对象是什么。

步骤 4：单击"确定"按钮完成设置。超链接的内容有下划线标识和特殊颜色，对于链接和已经访问的链接有不同的颜色标识，该颜色可以在任务窗格中的"配色方案"进行设置。

2. 使用"动作设置"实现超链接

步骤 1：选定要建立动作效果的对象（包含按钮对象）。

步骤 2：单击"幻灯片放映"菜单中的"动作设置"命令，弹出"动作设置"对话框，如图 5.18 所示。其中包含"单击鼠标"和"鼠标移过"两个选项卡，可以根据需要选择设置。

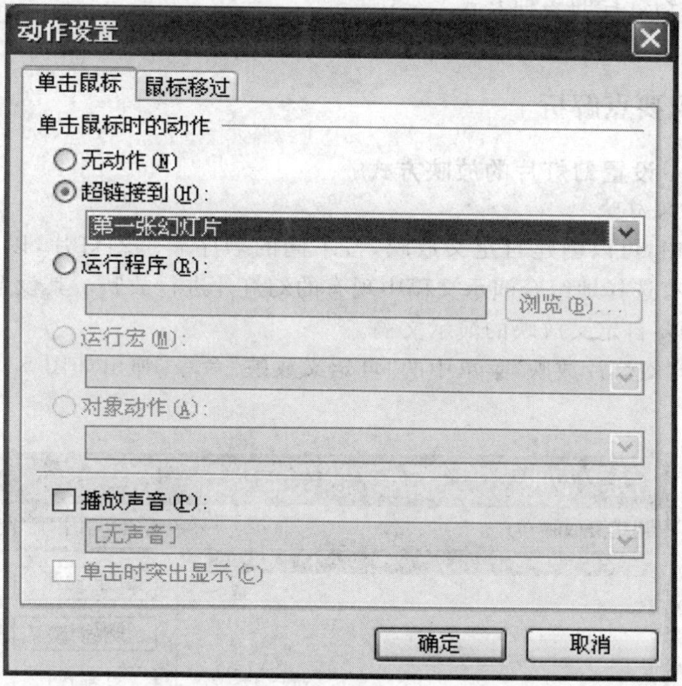

图 5.18 "动作设置"对话框

步骤 3："动作设置"完成后，单击"确定"。

5.3.3 学生上机操作

新建一个空白演示文稿。

1. 从任务窗格中选择"幻灯片版式"，再从应用幻灯片版式中选择"只有标题"版式，在幻灯片标题中输入"文字动画效果"6 个字。选中标题，从任务窗格中选择"自定义动画"。选择"添加效果"，从"进入"子菜单中选择"2. 飞入"。选择"速度"中的"慢速"。单击" ▶ 播放 "按钮，观看动画播放效果。

2. 将上题中的标题文字设置成变色出现，并以上升的形式消失。

5.3.4 任务完成评价

当你看到"文字动画效果"一个一个地出现时，那么表明你已经成功地设置了自定义动画的效果。

5.4 任务四　演示文稿的放映和打印

5.4.1 任务目标展示

1. 设置演示文稿的放映方式。
2. 掌握播放幻灯片的多种方式。
3. 演示文稿的排练计时设置及打包。

5.4.2 知识要点解析

知识点 1　**设置幻灯片的放映方式**

1. 设置自定义放映

在演示文稿中,可以创建自定义放映,按不同的顺序展示幻灯片,以适合不同的观众。自定义放映就是有选择地组合演示文稿中现有的幻灯片进行放映。其设置方法如下。

步骤 1:打开要自定义放映的演示文稿。

步骤 2:选择"幻灯片放映"菜单中的"自定义放映"命令,弹出如图 5.19 所示的"自定义放映"对话框。

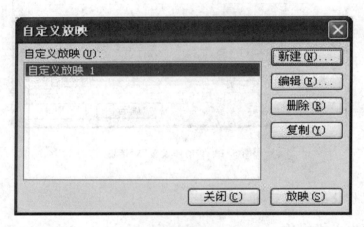

图 5.19　"自定义放映"对话框

步骤 3:在该对话框上,若单击"新建"按钮,将弹出"定义自定义放映"对话框。从中可以逐个添加要播放的幻灯片,也可删除已添加的幻灯片,设置后单击确定返回"自定义放映"对话框;若单击"编辑"按钮,可进一步编辑在自定义中放映的幻灯片,可以对该放映的名称、播放的幻灯片和顺序进行修改;若单击"删除"按钮,将删除当前选定的自定义放映条目;若单击"复制"按钮,则生成一个和当前选定的自定义放映一样的条目,只是名称前加了"(复件)"字样;单击"放映"按钮即可观看"自定义放映"设置的效果;单击"关闭"按钮,完成当前的自定义设置。

步骤 4:完成了"定义自定义放映"设置后,还需要在"幻灯片放映"菜单中单击"设置放映方式"命令,在弹出的如图 5.20 所示的"设置放映方式"对话框中选中"自定义放映"单选项,还可进行放映类型等设置,这样在播放时,才会按照自定义放映来播放。

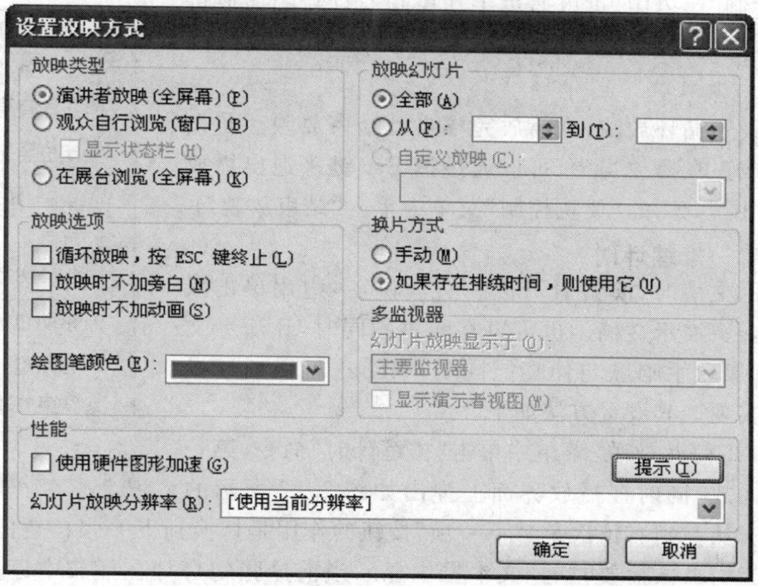

图 5.20 "设置放映方式"对话框

2. 设置换片方式

换片方式有两种,一种是手动,这种换片方式下,幻灯片之间的切换必须通过鼠标或键盘来切换;另一种是使用排练计时来自动切换,通过手动来控制也可以进行切换,设置方法是在图 5.20"设置放映方式"对话框中设置"换片方式"。

3. 设置放映幻灯片的范围

设置放映幻灯片的范围,如图 5.20,在"放映幻灯片"下共有 3 种选择:一是"全部",这是默认选项;二是从第 x 张播放到第 y 张(其中 $1 \leqslant x \leqslant y \leqslant$ 幻灯片总数);三是自定义放映,只有进行了如"1. 设置自定义放映"后,这个选项才会有效。

4. 设置放映类型

如图 5.20"设置放映方式"对话框,这项设置提供了 3 种放映类型:一是演讲者放映,适用于演讲者按一定顺序播放;二是观众自行浏览,可按照观众要求拖放观看幻灯片;第三种是在展台浏览,这种播放适用于无人值守的顺序播放,要求事先设定排练计时,不能进行手动换片。

知识点 2   人工放映幻灯片

1. 开始放映

演示文稿后可以用以下方法来放映:

方法一:选择"视图"菜单中的"幻灯片放映"命令,从第一张幻灯片开始播放。

方法二:选择"幻灯片放映"菜单中的"观看放映"命令,从第一张幻灯片开始播放。

方法三:单击演示文稿窗口左下角的"幻灯片放映"按钮,将从当前幻灯片开始播放。

2. 放映中的控制

在不同的放映类型中控制方式有所不同,这里以常用的"演讲者放映(全屏幕)"为例进行说明,在播放的过程中,可以适时右击鼠标,弹出如图 5.21"放映控制"菜单。

在"放映控制"菜单中,可以通过手动控制幻灯片的播放进程,临时调整自定义放映等。

3. 结束幻灯片放映

如果没有设置循环放映,则播放完毕自动结束放映。若设置了循环放映或正在播放当中,可以通过按 Esc 键来退出播放状态;也可在如图 5.21 的"放映控制"菜单中单击"结束放映"。

知识点 3　排练计时

在播放演示文稿时,演讲者可以一边演讲,一边用单击鼠标或用键盘来翻页演示文稿。也可以在演讲的同时,让演示文稿自动切换,就像歌手唱歌与伴奏能同步一样,这可以通过设置排练计时来实现。其设置方法如下。

图 5.21　"放映控制"菜单

步骤 1:在"幻灯片放映"菜单中单击"排练计时"命令,第一张幻灯片开始播放,同时在播放界面上弹出如图 5.22 所示的"预演"工具栏。从左到右依次是:"下一项"按钮的作用是切换到下一张;"暂停"按钮的作用是暂停计时;"当前页面播放时间"文本框中显示当前这张幻灯片在播放中停留的时间(时:分:秒);"重复"按钮是用于对当前页面播放时间进行清零,即对当前幻灯片的播放重新计时;最右边是显示"整个演示文稿播放的时间"。

步骤 2:演讲者从开始演讲,到讲完当前幻灯片,单击"下一项"按钮,出现下一张幻灯片,同样设置这张幻灯片播放的时间,再单击"下一项"按钮,重复下去直到最后一张幻灯片播放结束,完成排练计时,并弹出如图 5.23"排练计时保存"对话框。

图 5.22　"预演"工具栏

图 5.23　"排练计时"设置对话框

步骤 3:在图 5.23 中,如单击"是"按钮,将保存排练计时,下次播放时即按此时间进行;如对此次的排练计时不满意,则单击"否"按钮,不保存此次排练计时。

步骤 4:见图 5.20,在"设置放映方式"对话框中选中"　如果存在排练时间,则使用它(U)"单选项。这样在播放演示文稿时,就会自动使用所设置的排练计时。

知识点 4　演示文稿的打印

演示文稿完成后,可以把它打印出来。打印机输出的样式和尺寸,均可以按具体需要进行设置。

1. 页面设置

单击"文件"菜单中的"页面设置"命令,打开"页面设置"对话框,如图 5.24 所示。这里主要设置幻灯片大小、幻灯片编号起始值、幻灯片方向等。设置完毕单击"确定"。也可随时修改页面设置。

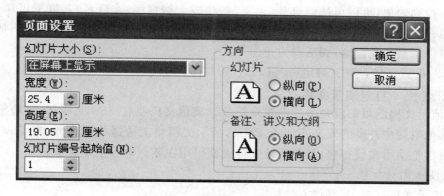

图 5.24 "页面设置"对话框

2. 打印设置

单击"文件"菜单中的"打印"命令，打开设置"打印"对话框，如图 5.25 所示。在设置"打印"对话框中，可进行如下设置：

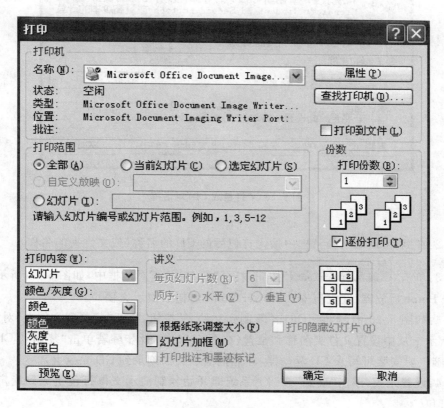

图 5.25 设置"打印"对话框

步骤 1：选择所使用的打印机名称（如果有多台打印机）。

步骤 2:在"打印范围"下可设置单选全部、当前幻灯片、选定幻灯片(浏览视图才有效)、自定义放映(先设置了才有效)或指定具体幻灯片的编号;在"份数"下设置打印份数;在"打印内容"下拉列表中,可以单选幻灯片、讲义、备注或大纲视图;在颜色/灰度下可单选颜色、灰度、黑白;还可复选根据纸张调整大小、幻灯片加框;单击"预览"查看打印效果。如果预览不满意,可以调整上述设置,到满意为止。

步骤 3:设置完毕,单击"确定"按钮,即开始打印。

| 知识点 5 | 打包演示文稿 |

制作演示文稿的目的就是为了向观众播放。演示文稿要在 Power Point 环境下运行使用,如果其他电脑中并没有安装 Power Point,演示文稿将无法播放。为此,在 Power Point 软件中,可以把演示文稿打包,打包后的文件夹就可用在其他电脑上播放了。

1. 把演示文稿打包

要把演示文稿打包,其操作方法如下。

步骤 1:单击"文件"菜单中的"打包成 CD"命令,弹出"打包成 CD"对话框,如图 5.26 所示。

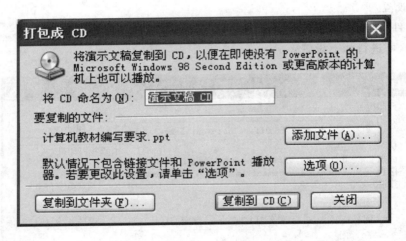

图 5.26 "打包成 CD"对话框

步骤 2:在"将 CD 命名为:"框中输入打包后的 CD 的名称(或文件夹的名称)。

步骤 3:单击"选项(O)..."按钮,打开"打包选项"对话框中,如图 5.27 所示。可选中"Power Point 播放器(在没有安装 Power Point 时播放演示文稿)"。

步骤 4:如图 5.26 中,本例中单击"复制到文件夹"按钮,打开"复制到文件夹"对话框,如图 5.28 所示。从中设置文件夹名称和位置(在图 5.26 中,此步骤若单击"复制到 CD"按钮,则要求电脑上要安装可写入 CD 驱动器,才能把演示文稿刻录到 CD 光盘上)。

步骤 4:设置结束,单击"确定"按钮。系统即开始复制演示文稿打包生成到指定的文件夹,完成打包。

2. 播放已打包的演示文稿

当需要播放时,找到所生成的打包文件夹,运行其中的"play.bat"批处理文件,就可以播放文件包中的演示文稿了。如到其他电脑上播放,可以先把所打包的文件夹复制到要播放

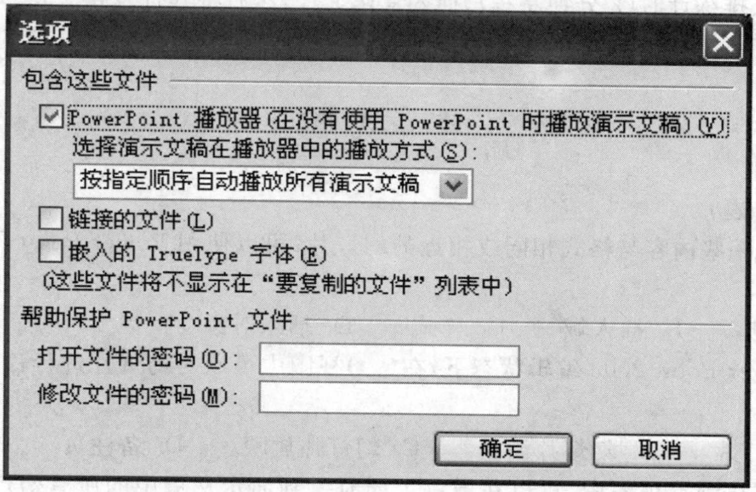

图 5.27　打包"选项"对话框

图 5.28　打包"复制到文件夹"对话框

的电脑中,然后打开这个包文件夹,运行其中的"play.bat"即可播放。

5.4.3　学生上机操作

1. 新建一个演示文稿,在其中插入 6 张幻灯片。在编辑过程中及时保存。
2. 根据本书的目录,为每一章写一个内容简介,分别安排在不同的幻灯片页面中。
3. 对所创建的演示文稿设置"排练计时"(1 分钟左右)。
4. 播放演示文稿,如不满意,进一步编辑修改。
5. 将所创建的演示文稿打包,命名为:信息技术应用基础应用简介。
6. 播放打包后的演示文稿。

5.4.4　任务完成评价

1. 学习本部分内容后,能够对演示文稿进行"自定义放映"设置和"排练计时"设置。
2. 能掌握打包演示文稿和播放打包演示文稿的操作方法。

5.4.5　知识技能拓展

创建一份包含有文本、图片和表格的演示文稿,内容为某种产品的宣传材料;并为演示文稿设置动画、排练计时(2分钟左右)、插入音乐文件,然后将其打包和播放。

本章习题

(单项选择题)

1. 为创建一些内容与格式相同或相近的幻灯片,可以使用 Power Point 2003 的( )功能。

    A. 模板　　　B. 插入域　　　C. 样式　　　D. 插入对象

2. 在 Power Point 2003 编辑状态下,在( )视图中可以对幻灯片进行移动、复制、排序等操作。

    A. 幻灯片　　　B. 幻灯片浏览　　　C. 幻灯片放映　　　D. 备注页

3. 在幻灯片浏览视图中,可以在屏幕上同时看到演示文稿中的所有幻灯片,这些幻灯片是以( )显示的。

    A. 普通视图　　　B. 备注页视图　　　C. 大纲视图　　　D. 缩图

4. 下列对象中,不能插入到 Power Point 2003 幻灯片中的是( )。

    A. Word 文档　　　B. Excel 工作簿　　　C. Excel 图表　　　D. BMP 图像

5. 要求幻灯片能够在无人操作的状态下自动播放,应事先对演示文稿进行( )。

    A. 自动播放　　　B. 打包　　　C. 排练计时　　　D. 保存

6. 在 Power Point 2003 的编辑状态下,在( )视图中可以对幻灯片进行移动、复制、排序等操作。

    A. 幻灯片　　　B. 幻灯片浏览　　　C. 幻灯片放映　　　D. 备注页

第 6 章

因特网的应用

计算机网络是计算机技术与通信技术相结合的产物。随着网络技术的飞速发展，因特网(Internet)已走进了千家万户，彻底改变了人们获取信息的方式，使人们的学习、生活、工作等发生了巨大的变化。

6.1 任务一　Internet 基础知识

6.1.1 任务目标展示

1. 了解计算机网络的分类。
2. 了解 IP 地址和域名系统 DNS。
3. 了解因特网的常用接入方式及相关设备。

6.1.2 知识要点解析

计算机网络是指一群具有独立功能的计算机通过通信设备及传输媒体被互联起来，在通信软件的支持下，实现计算机之间资源共享、信息交换或协同工作的系统。最早的计算机网络出现于 20 世纪 60 年代，是美国国防部高级研究计划局研制成功的 ARPANET 网。计算机网络的发展过程是从简单到复杂，从单机到多机，由终端与计算机之间的通信到计算机与计算机之间的直接通信的演变过程。

1979 年，国际标准化组织(ISO)提出了著名的开放系统互连参考模型，简称为 OSI。在 OSI 参考模型中，共将 OSI 自高到低划分为 7 层：应用层、表示层、会话层、传输层、网络层、数据链路层和物理层。

知识点 1　**计算机网络的分类**

计算机网络的分类方法比较多，最常见的分类方法是按网络覆盖范围进行划分。

1. 局域网

局域网(LAN)用于将有限范围内的各种计算机、终端和外部设备联成网，覆盖范围不超过几千米，往往是在一个单位内部(如在一个校园内)实现的网络。

通常用于局域网的通信介质有光纤、双绞线等。其中光纤常用于楼与楼之间的布线，即主干线路。双绞线通常用于楼内布线，每段最远距离不要超过 100 米。

局域网有较高的传输速率，目前局域网的传输速率有 10M、100M、1 000M 等几种。因局域网的传输距离短，因而传输可靠，误码率低(在 $10^{-7} \sim 10^{-12}$)。

2. 城域网

城域网(MAN)是在一个城市内部组建的计算机网络。城域网是介于广域网与局域网之间的一种高速网络,覆盖范围可达数百千米,通常是将一个地区或城市内的局域网连接起来构成城域网。

3. 广域网

广域网(WAN)也称远程网,是一种跨越大、地域广的计算机网络的集合。覆盖范围从几十千米到几千千米。广域网包括大大小小不同的子网,子网可以是局域网,也可以是小型的广域网。最典型的广域网就是 Internet。

知识点 2　Internet 概述

Internet 是全球最大的、开放的、使用 TCP/IP 协议的、由众多地区的各类网络互联组成的网络集合体。它利用覆盖全球的通信系统使各类计算机网络及个人计算机相互联通,从而实现智能化的信息交流和资源共享。

1. IP 地址

凡是接入 Internet 的计算机都被称为主机。Internet 上有数千万台主机,如何来确认网络上的每一台主机呢,靠的就是惟一能标识该主机的网络地址——IP 地址。

在 Internet 中,IP 地址是一个 32 位的二进制地址,为了便于记忆,将它们分为 4 组,每组 8 位,由小数点分开,每组用一个对应的 0~255 之间的十进制数来表示,这种格式的地址称为点分十进制地址。如 202.102.192.68。

IP 地址又分为静态地址和动态地址,静态地址是 ISP(Internet 服务提供商)分配给用户的固定的 IP 地址,如卫生部网站的 IP 地址为 61.49.18.65;动态地址是 ISP 分配给用户的临时性地址,这种地址不是固定的,每次拨号上网都会改变。

☆ 链接　**IPv4 和 IPv6**

因特网所采用的是 TCP/IP 协议。目前 IP 协议的版本号是 4(简称为 IPv4),发展至今已经使用了 30 多年。IPv4 的地址位数为 32 位,也就是最多有 2^{32} 个电脑可以联到 Internet 上。由于互联网的蓬勃发展,IP 地址的需求量愈来愈大,IP 地址资源即将枯竭。为了扩大地址空间,拟通过新的 IP 协议 IPv6 重新定义地址空间。IPv6 采用 128 位地址长度,几乎可以不受限制地提供地址。按保守方法估算 IPv6 实际可分配的地址,整个地球的每平方米面积上仍可分配 1 000 多个地址。在 IPv6 的设计过程中除了一劳永逸地解决了地址短缺问题以外,还考虑了在 IPv4 中解决不好的其他问题,主要有端到端 IP 连接、服务质量(QoS)、安全性、多播、移动性、即插即用等。

---

2. Internet 域名系统(DNS)

由于 IP 地址较难记忆,人们希望能有一种比较直观的表示方法,给主机指定一个好读易记的名字,为此出现了代表 IP 地址的域名。如卫生部网站的域名为 www.moh.gov.cn。

域名系统的一般表示方法:计算机名.组织机构名.网络名.最高域名

最高域名用来表示提供服务的部门、机构或网络所隶属的国家、地区。如组织性域名:.com(商业)、.edu(教育机构)、.net(联网机构)、.gov(政府机关)。地理性域名:.cn(中国)、

.jp(日本)、.hk(香港)。

当我们在地址栏中输入域名后,域名管理系统 DNS 就会自动将域名转换为对应的 IP 地址,从而找到所对应的主机。

知识点 3　Internet 的连接

个人用户接入 Internet 的方式,目前较常见的方式有 ADSL 拨号上网、小区宽带上网、无线上网等。下面以 ADSL 为例介绍接入 Internet 的方法。

要安装 ADSL,用户首先要到当地的网络运营商(如电信、移动、网通等)处办理 ADSL 业务,获取用户名、密码,领取调制解调器(Modem),调制解调器是一种将模拟信号与数字信号相互转换的设备。安装时将电话线接入到调制解调器的输入接口中,然后用双绞线将调制解调器的输出端口和电脑的网卡接口相连即可。连接好后,通过电脑建立拨号连接,就可以上网了。

建立拨号连接的步骤:

步骤 1:右击桌面上"网上邻居"图标,在弹出的快捷菜单中选择"属性"命令,打开"网络连接"窗口。

步骤 2:单击窗口左侧的"创建一个新的连接"超链接,打开"新建连接向导"对话框。

步骤 3:单击"下一步"按钮,打开"网络连接类型"对话框,然后选择"连接到 Internet"单选按钮。

步骤 4:单击"下一步"按钮,打开"准备好"对话框,选择"手动设置我的连接"单选按钮。

步骤 5:单击"下一步"按钮,打开"Internet 连接"对话框,选择"用要求用户名和密码的宽带连接来连接"单选按钮。

步骤 6:单击"下一步"按钮,打开"连接名"对话框,在"ISP 名称"文本框中输入 ISP 名称,如 ADSL。

步骤 7:单击"下一步"按钮,打开"Internet 账户信息"对话框,输入相应用户名和密码。

步骤 8:单击"下一步"按钮,打开"正在完成新建连接向导"对话框,选中"在我的桌面上添加一个到此连接的快捷方式"复选框,然后单击"完成"按钮,完成网络连接向导。

步骤 9:稍后,系统会弹出"连接 ADSL"对话框(图 6.1),输入正确的用户名和密码后,单击"连接"按钮,系统即开始自动连接网络。

图 6.1　建立拨号连接

连接成功后,系统将在任务栏的右侧显示"网络连接"的提示信息。

6.2 任务二 IE 浏览器的使用

计算机如果连接了因特网,我们就可以利用计算机在网上学习、聊天、看新闻、搜索和下载资料和软件,了解天下大事。下面就一起来学习和研究如何使用 IE 浏览器,去完成这些有趣的事情。

6.2.1 任务目标展示

1. 使用 IE 浏览器实现信息的浏览。
2. 使用 IE 浏览器的常用工具。
3. 利用 IE 浏览器和下载工具下载资料和软件。

6.2.2 知识要点解析

知识点 1   认识 IE 浏览器

要上网浏览网页,就离不开浏览器。现在大多数用户使用的是微软公司提供的 IE 浏览器(Internet Explorer)。

1. 启动 IE 浏览器

常用的方法是:

方法一:双击桌面上的 Internet Explorer 图标 ,即启动 IE 浏览器。

方法二:单击"开始",选择"程序"菜单中的"Internet Explorer"命令。

方法三:单击快速启动栏中的"Internet Explorer"图标 ,即启动 IE 浏览器。

2. IE 浏览器的窗口

启动 IE 浏览器,以打开的搜狐网页为例,其网页界面如图 6.2 所示。

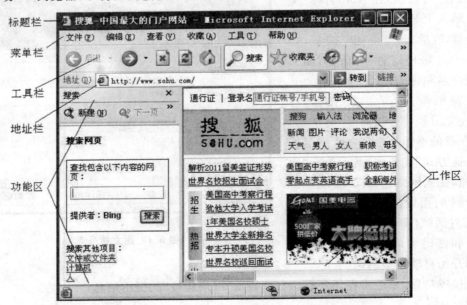

图 6.2 IE 浏览器的窗口

（1）标题栏：位于窗口顶部，用来显示正在访问的网页名称，图中的网页名是"搜狐—中国最大的门户网站"。

（2）菜单栏：位于标题栏下方，其中包括"文件""编辑""查看""收藏""工具""帮助"6项，这些菜单提供了IE的各项操作命令。

（3）工具栏：列出了常用的快捷命令按钮，只要单击某个按钮就可以快速执行相应的命令。

（4）地址栏：在其中输入想要访问的网址，然后按"Enter"键即可打开相应的网页。

（5）功能区：如果点击了"搜索""收藏夹"等功能按钮，则会显示该区，为用户提供相应的操作功能。

（6）工作区：显示当前网页的内容，当进入某个网址后，工作区中就会显示文字和图形等信息。

知识点 2　浏览网页

使用IE浏览器浏览网页的操作方法如下（以搜狐网站为例）。

步骤1：在地址栏中输入网址：http://www.sohu.com，然后按"Enter"键，即打开搜狐网主页。

步骤2：用鼠标左键单击网页上的"新闻"，则进入"新闻"页面。也可用同法点击其他项目来查看更多的信息。

如果要返回以前的网页，单击"后退"按钮 ◀ 。如果在后退了若干页面想要返回后面所在的页，则单击"前进"按钮 ▶ 。

步骤3：如果打开网页速度太慢，不想等待则可以单击"停止"按钮，放弃显示页面。

步骤4：如果网页中有些图片等信息尚未显示完全，则可单击"刷新"按钮 ↻ 来重新与服务器连接以显示网页。

知识点 3　使用收藏夹

收藏夹是用来保存自己以后经常访问的网页地址，使用时只需打开"收藏"菜单从中选择就可以访问收藏的网站了。

1. 将网页添加到收藏夹

步骤1：打开一个待收藏网页，如"http://www.21wecan.com/"（中国卫生人才网）。

步骤2：在菜单栏中单击"收藏"菜单中的"添加到收藏夹"命令。

步骤3：弹出"添加收藏"对话框，如图6.3所示。在该对话框中确认网页名称无误，单击"确定"按钮，完成收藏。

2. 整理收藏夹

如果收藏的网址较多，会显得杂乱无章。这时应对收藏夹分类整理，以方便再次访问。整理收藏夹的方法是：在"收藏"菜单中单击"整理收藏夹"命令，打开"整理收藏夹"对话框，如图6.4所示。该对话框上有4个按钮，它们的功能如下。

（1）新建文件夹：创建新的文件夹，这样可以收藏不同类别的网页地址，以方便访问和管理。

（2）移动：将收藏的网页和网站在不同的类别之间进行移动。

（3）重命名：选中收藏的网页网址或文件夹，单击此按钮，可以对它重命名。

（4）删除：选中收藏的网页网址或文件夹，单击此按钮即删除不想收藏的网页或文件夹。

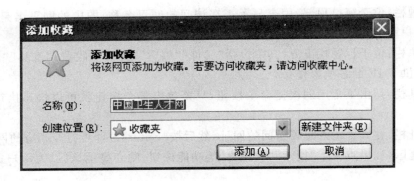

图 6.3　添加收藏

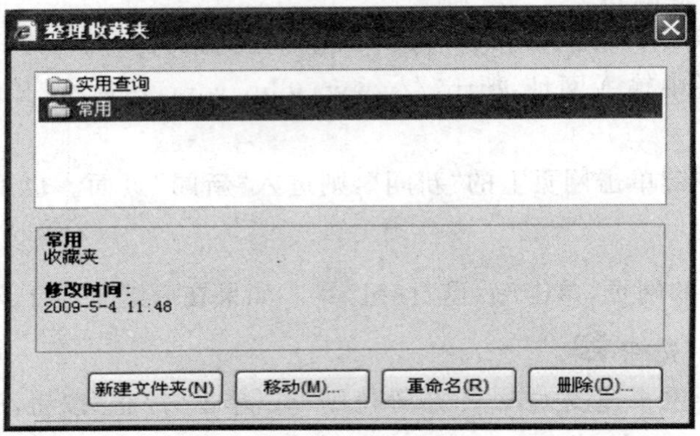

图 6.4　"整理收藏夹"对话框

知识点 4　**保存和打印网页**

1. 保存网页

如果发现一个网页、网页中的图片或文本很有用,可以将它保存起来。

(1)保存整个网页

其操作方法如下。

步骤 1:在"文件"菜单中单击"另存为"命令。

步骤 2:在弹出的"保存网页"对话框中的"保存在"列表框中选择一个文件夹。

步骤 3:在"文件名"框中输入一个文件名;在"保存类型"下拉框中选择保存类型。

步骤 4:设置完毕,单击"保存"按钮即完成保存。

注意,保存的网页类型有以下几种。

①网页,全部(＊.htm;＊.html):按原始格式保存网页的所有文件(及文件夹)。

②网页,单个文件(＊.mht):以单个网页形式保存网页的全部信息。

③网页,仅 HTML(＊.htm;＊.html):保存当前 HTML 页,但不保存图像、声音等对象。

④文本文件(＊.txt):以纯文本类型保存网页信息,即只保存文本信息。

(2)保存网页中的图片

步骤 1:在网页中的图片上单击鼠标右键,从弹出的菜单中选择"图片另存为"命令。

步骤 2:打开"保存图片"对话框,从中设置图片的保存位置和文件名后,单击"保存"按钮即完成保存。

2. 打印网页

如果已安装了打印机,也可将网页打印出来。为了保证打印效果,一般应先进行打印预览和打印设置,然后再行打印。其操作方法如下。

步骤 1:在"文件"菜单中单击"打印预览"命令,即可查看"打印预览"效果。

步骤 2:在"打印预览"窗口的工具栏上单击"页面设置"按钮 ⚙ ,打开"页面设置"对话框,如图 6.5 所示。

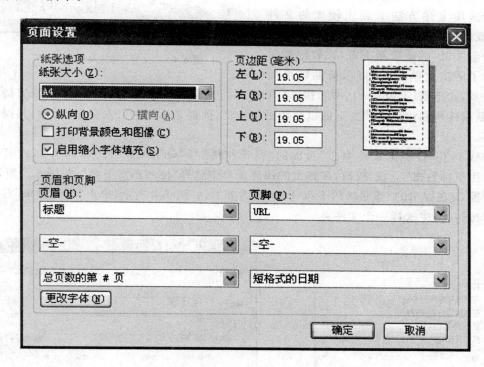

图 6.5 "页面设置"对话框

步骤 3:在"页面设置"对话框中,设置纸张大小、页边距等,设置后单击"确定"。

步骤 4:在"打印预览"窗口的工具栏上单击"打印文档"按钮 🖨 ,打开"打印"对话框,进行相应的设置后,单击"打印"即开始打印。

知识点 5　　下载软件

网络资源丰富多彩,其中软件资源种类繁多,把需要的软件等资源从互联网下载保存到电脑上,这是经常遇到的事情。现以"腾讯 QQ"软件为例,介绍下载软件的方法。

1. 直接下载

步骤 1:打开 IE 浏览器,在地址栏中输入"http://www.qq.com/",按回车,进入腾讯官方网站。在腾讯首页左上部的"通讯"栏中点击"QQ 软件",进入"腾讯软件中心"页面。

步骤 2:在"在腾讯软件中心"页面点击腾讯软件列表中的"QQ2010 正式版 SP3.1"(或

其他版本)右侧的"下载"按钮。在弹出的"文件下载"对话框中点击"保存"按钮,如图 6.6 所示。

步骤 3:在弹出的"另存为"对话框的"保存在"下拉列表中选择一个文件夹,单击"保存"按钮,即开始下载。

下载结束后,即可运行安装软件,进入软件安装向导,按向导提示进行操作,即可完成软件的安装。

2.借助下载工具进行下载软件

若采用上述方法下载比较大的文件时,下载速度可能比较慢,而且一旦网络断线或中途关机,必须重新下载,比较浪费时间。为了解决这些问题,可以借助辅助性下载工具,如迅雷(Thunder)、网际快车(Flash Get)等进行下载。它的主要特点是支持多点连接、断点续传和快速下载。下面以使用迅雷为例(前提是系统中已安装了迅雷),其操作方法如下。

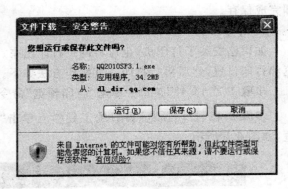

图 6.6 "文件下载"对话框-保存

步骤 1:在"在腾讯软件中心"页面的"腾讯软件"栏"QQ2010 正式版 SP3.1(或其他版本)"上用鼠标右击"下载"按钮,在弹出的快捷菜单中选择"使用迅雷下载",如图 6.7 所示。

步骤 2:在弹出的"建立新的下载任务"对话框中,如图 6.8 所示,单击"存储目录"右侧的"浏览"按钮,从中选择一个文件夹。

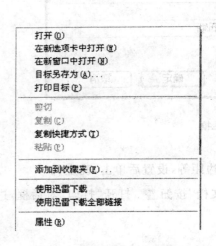

图 6.7 选择"使用迅雷下载"

图 6.8 "建立新的下载任务"对话框

步骤 3:单击"确定"按钮,进入迅雷主窗口,可以看到正在下载"QQ2010SP3.1.exe"软件的下载进度等信息,如图 6.9 所示。

下载完成后,如要安装软件,双击软件图标,即开始运行安装,安装完成后,就可以运行使用了。

图 6.9　迅雷的下载界面

6.2.3　学生上机操作

1. 打开"中国卫生人才网",浏览该网站,并添加到收藏夹。查找对学习或就业有帮助的信息,并保存相关的网页。

2. 打开 IE 浏览器,进入腾讯官方网站,下载一个新版本的 QQ 软件,然后安装运行。

3. 使用百度搜索有关"护士执业考试"的资料。

6.3　任务三　使用电子邮件

电子邮件(E-mail)为人们的交往提供了很大方便。通过电子邮件,人们可以方便、快速、廉价地相互交流信息。下面我们一起来学习研究如何申请电子邮箱,并利用邮箱发一个邮件给你的老师或同学。

6.3.1　任务目标展示

1. 了解电子邮件的工作原理、邮件地址等知识。

2. 申请电子邮箱,收发电子邮件。

3. 设置 Outlook express,并用它写信和收信。

6.3.2　知识要点解析

知识点 1　电子邮件

1. 电子邮件的通信过程

电子邮件的通信过程是靠计算机网络通信技术来完成的。发件人将邮件(注明收件人邮件地址)发送到发送邮件服务器,发送服务器接收到发送来的邮件,并根据收件人地址发送到接收邮件服务器;接收服务器接收邮件,并根据收件人地址分发到相应的电子邮箱,收件人从接收服务器接收邮件。

2. 电子邮件的地址

电子邮件的地址结构如下：用户名@主机域名。用户名是登陆邮件服务器的登录名，它在该邮件服务器上具有惟一性。"@"是电子邮件的标识符号，它把用户名和主机域名相分隔。主机域名是邮件服务器的域名。例如，zzjsjyyjc@163.com 是一个合法的电子邮件地址，其中 zzjsjyyjc 是用户名，而 163.com 是网易邮件服务器的域名。

知识点 2　申请免费电子邮箱

我们的计算机已连接 Internet，现以申请搜狐免费电子邮箱为例，其操作方法如下。

步骤 1：在 IE 浏览器地址栏中输入 http://www.sohu.com/，敲回车键进入搜狐主页。

步骤 2：在搜狐主页的左上角"通行证"栏后点击"注册"链接，如图 6.10 所示。

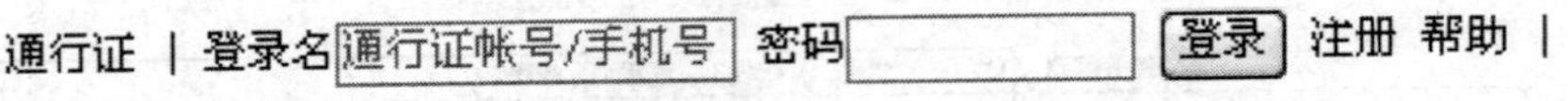

通行证　|　登录名 [通行证帐号/手机号]　密码 [　　　　　]　[登录]　注册 帮助　|

图 6.10　进入注册

步骤 3：在弹出的"注册搜狐通行证账号"页面中填写注册信息，如图 6.11 所示。

步骤 4：填写信息后，点击"完成注册"。如信息无误的话则显示成功注册的信息（要记住自己的用户名）。

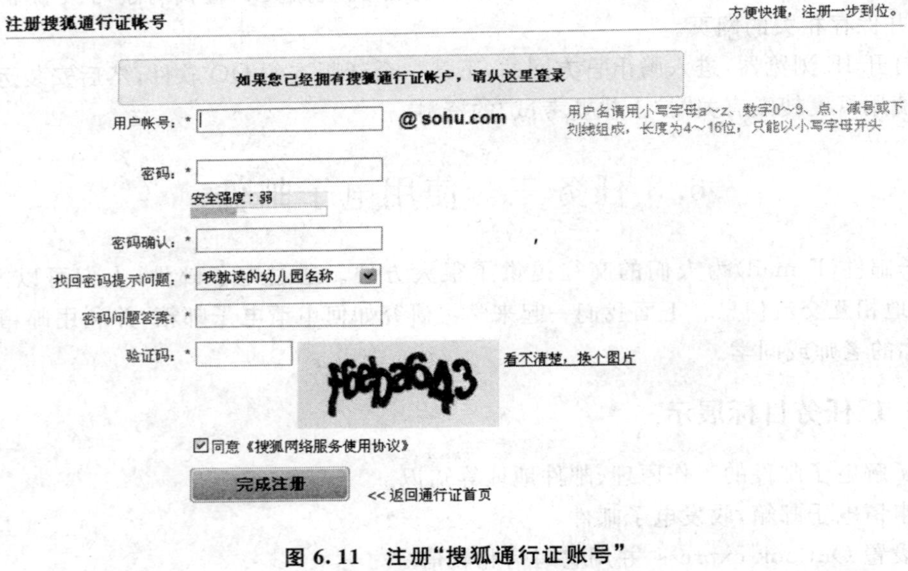

图 6.11　注册"搜狐通行证账号"

注册中的几点注意事项：

（1）在填写注册信息时，前面带红色"＊"号的项目必须填写。

（2）注册中，要仔细阅读每项信息具体说明。

（3）注册用户名时，如果用户名已被别人占用，需要重新另设一个用户名。

（4）密码提示问题要尽量简单真实，并要牢记，以便在忘记密码时进行恢复。

知识点 3　收发电子邮件

打开 IE 浏览器，在具体的网页上登录邮箱，或登录 QQ，就可以收发电子邮件了，这是人们常用的收发电子邮件的方法。

1. 查阅邮件

登录邮箱后，单击邮箱页面左窗口的"收件箱"，可以看到邮箱中所有邮件的列表（如果是未读邮件，则会用粗体显示）。点击右窗口邮件列表中的一个邮件，即可打开该邮件，查阅邮件的内容。如果邮件带有附件，点击"下载"按钮，在弹出的对话框中选择"打开"或"下载"即可查看或保存附件。

2. 回复或转发邮件

打开一个邮件，如果要回复或转发，单击"回复"（或"转发"）按钮，即进入回复（或转发）邮件的写信页面，在该页面中设置和填写"收件人""主题"，输入和编辑信件内容；如需要添加附件，单击"页面"上的"添加附件"按钮，在"选择要上载的文件"窗口中设置和指定具体附件（文件或文件夹），然后单击"打开"按钮，稍等，即完成附件的添加，然后单击"发送"按钮，即可完成邮件的回复和转发。

知识点 4　Outlook Express 的设置与使用

除了以登陆邮件服务器的形式收发电子邮件外，还可以使用专用的电子邮件管理工具来收发电子邮件。Outlook Express 是较为常用的一种电子邮件软件。

1. 配置 Outlook Express 邮箱账户

步骤 1：在"开始"菜单中指向"程序"，单击"Outlook Express"命令，打开 Outlook Express 窗口，如图 6.12 所示。

图 6.12　Outlook Express 的窗口

步骤 2：在 Outlook Express 窗口的"工具"菜单中单击"账户"命令，打开"Internet 账户"对话框，选择"邮件"选项卡，单击"添加"中的"邮件"选项，如图 6.13 所示。

步骤 3：进入"Internet 连接向导"对话框，输入发件人的显示名（例如"田野"），单击"下一步"按钮。在"Internet 电子邮件地址"框中输入你的电子邮件地址，例如"jxgzwx@

sohu. com"单击"下一步"按钮。

步骤 4:进入"电子邮件服务器名"界面,在"接收邮件服务器"框中输入地址:
pop3. sohu. com 和发送邮件服务器地址:smtp. sohu. com,单击"下一步"按钮,如图 6.14 所
示。

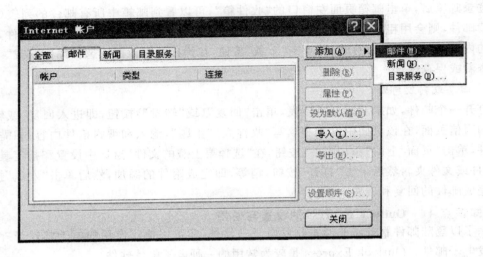

图 6.13　设置"Internet 账户"

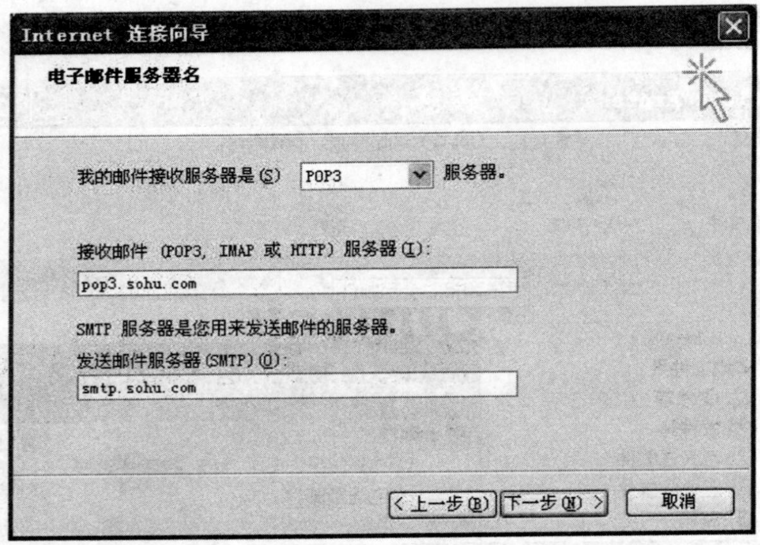

图 6.14　设置电子邮件服务器名

步骤 5:进入"Internet Mail 登陆"界面,输入账户名,不用输入密码,这样在接收邮件时
会提示输入密码,可增强安全性,单击"下一步"按钮。

步骤 6:在弹出的对话框中单击"完成"按钮,返回"Internet 账户"对话框。

步骤 7:单击"关闭"按钮。

名词解释:

（1）SMTP（Simple Mail Transfer Protocol）：即简单邮件传输协议，它保证电子邮件从一个邮件服务器传送到另一个邮件服务器。

（2）POP3（Post Office Protocol）：即邮局协议，它保证用户将保存在邮件服务器上的电子邮件接收到本地计算机上。

2. Outlook Express 的使用

（1）接收邮件：单击 Outlook Express 界面中工具栏上的"发送/接收"按钮，打开"登陆"对话框，输入用户名和密码，单击"确定"就可以在"收件箱"中接收查看邮件了。

（2）发送邮件：单击 Outlook Express 界面中工具栏上的"创建邮件"按钮（图 6.12），打开"新邮件"窗口，填写"收件人地址"（如果要发送给多个地址，则邮箱地址之间用英文分号";"分隔）、主题、"信件内容"等信息，单击"发送"即可发送邮件，如图 6.15 所示。

图 6.15　发送邮件

（3）回复和转发邮件

步骤 1：在 Outlook Express 窗口中，点击左窗口中的"收件箱"；然后在右窗口中，双击要回复的一封信，进入"阅读邮件"窗口。

步骤 2：在"阅读邮件"窗口的工具栏上，单击"答复"或"转发"，然后填写各项信息后，单击"发送"，即"回复"或"转发"邮件。

（4）保存和插入附件：当邮件列表旁边有一个回形针"📎"图标时，表示该邮件含有附件，单击邮件，然后单击回形针"📎"图标，选择"保存附件"命令，将附件内容保存。发送附件时，只需在发送邮件窗口中选择"插入"菜单中的"文件附件"命令，选择设置即可。

6.3.3 学生上机操作

申请一个免费电子邮箱（QQ 邮箱除外），并利用该邮箱发送一封电子邮件给信息技术课老师,主题为"信息技术邮件作业+学号",内容包括:班级、学号、姓名,短信内容,以及按要求完成的作业(作为附件)。

6.4 任务四 医学文献检索简介

6.4.1 任务目标展示

1. 了解文献检索的意义。
2. 使用搜索引擎进行因特网搜索。
3. 电子期刊的全文检索。
4. 电子图书的检索、下载、阅读。
5. 了解特种文献的检索方法。

6.4.2 知识要点解析

知识点 1 文献检索的意义

1. 文献检索的概念及意义

文献是指记录有信息、知识、情报的一切载体,是人类长期从事生产和科学技术活动以及社会交往的真实记录,是各种知识或信息载体的总称。这些信息和知识通过文字、符号、图形、声频、视频、数字等手段记载在各种载体上。文献检索就是利用一定的手段和工具,从大量的文献集合中查找出符合特定需要的相关文献的过程。这里的工具就是指文献检索工具和文献数据库。手工检索使用的是文献检索工具,计算机检索使用的是文献数据库。利用计算机网络进行文献检索是目前常用的方式。

2. 文献检索的意义

在科学技术飞速发展的现代社会,医学科学技术的发展进程可谓日新月异,医学新知识、新药物层出不穷,医疗新技术的应用更是不断推陈出新。学生在校期间学习的专业基础知识远远不够,必须加强自学能力的培养,才能跟上知识更新的进程。一位名人说过:"知识有两类,一类是我们知道的某专业的知识,而另一类知识则是我们应该知道到什么地方去寻找它"。文献检索的意义就在于它是一种"寻找知识"的知识。

掌握文献检索方法,可以节约查找文献的时间,还有助于提高我们的自学能力。科学研究需要进行文献检索,任何科研选题都是在前人或他人已取得的成果或研究进展的基础上进行新的探索,这就是科学的连续性和继承性。文献检索是科学创新研究的前期工作,它有助于减少科学研究中的低水平重复,使决策少走弯路,减少人力物力资源的浪费。据美国科学基金会统计,一个科研人员花费在查找和消化科技资料上的时间约占全部科研时间的51%,计划思考约占8%,实验研究约占32%,书面总结约占9%。由此统计可见,科研人员花费在科技出版物上的时间约为全部科研时间的60%。

知识点 2 几种常用的网络搜索引擎

Internet上信息浩如烟海,如果没有检索工具,想获得有用的信息无异于大海捞针。目前使用最广泛的检索工具是搜索引擎。搜索引擎是具有检索功能的网页的统称,它是根据一定的策略、运用特定的程序从互联网上搜索信息,并对信息进行组织和处理,专为用户提供检索服务的系统。它可以是一个独立的网站，也可以是一个搜索工具。

1. 谷歌 Google（http://www.google.com 或 http://www.google.com.hk）

Google 是目前应用最为广泛的搜索引擎。它提供简洁明了、容易使用的搜索页面（图 6.16）。支持词语搜索、高级搜索、分类搜索，性能优秀。Google 使用完全匹配检索方式，不支持"OR"搜索，不支持通配符"＊"搜索，只搜索与检索式完全一样的字词。

图 6.16 Google 主页界面

下面是使用 Google 的一些检索技巧：

（1）输入更多的关键词。关键词之间留空格，系统会自动在词之间添加 AND。

（2）减除无关资料。如果要避免搜索某个词语，可以在这个词前面加上一个空格和一个减号"－"。

（3）添加英文双引号。双引号中的词语搜索时将作为一个整体出现。这一方法在查找名言或专有名词时效果显著。

（4）进行二次检索。在结果页面底部有"在此搜索结果的范围内查询"的链接。

（5）使用高级搜索功能。单击检索框右侧的"高级"链接即可进入高级检索界面。在高级检索功能中，可以做到：①将搜索范围限制有某个特定的时间段。②将搜索限制于某种指定的语言。③排除某个特定网站的网页。④查找与指定网页相关的网页。⑤指定搜索网域，"site："表示在某个特定的网站中进行搜索。如要在新浪网站上查找新闻，可以输入"新闻 site：www.sina.com.cn"。⑥查找链接到某个指定网页的所有网页，"link："表示所有指向该网址的网页，如"link：www.163.com"，将找出所有指向网易主页的网页。

（6）Google 的功能还在不断地增加完善，可查看"高级"搜索中的"搜索帮助"来了解更多的搜索方法。

2. 百度 Baidu（http://www.baidu.com）

百度是目前全球最优秀的中文信息检索与传递技术供应商。百度提供网页快照、网页预览、相关搜索词、错别字纠正提示、新闻搜索、Flash 搜索、图片搜索、MP3 搜索等服务，如图 6.17 所示。百度的搜索方法与 Google 基本相似，可查阅相关的帮助信息。

3. 学生上机操作

（1）使用 Google 或百度搜索有关"氨苄西林钠"静脉滴注用法用量的信息。

（2）查找电视剧《三国演义》主题曲的词作者是谁，其生卒时间。

图 6.17 百度主页界面

（3）为什么称名医是"杏林高手"？

知识点 3   科技期刊信息检索

1. 中国期刊全文数据库（CNKI）

（1）概述：中国知识基础设施工程（CNKI，也称"中国知网"），正式立项于 1995 年，目前已建成世界上全文信息量规模最大的"CNKI 数字图书馆"，涵盖了我国自然科学、工程技术、人文与社会科学的期刊、博硕士论文、报纸、图书、会议论文等公共知识信息资源。其主要数据库产品有中国期刊全文数据库、中国优秀博士硕士论文全文数据库、中国重要报纸全文数据库、中国基础教育知识仓库、中国医院知识仓库等。

中国期刊全文数据库是 CNKI 中的一个巨大信息资源，是国内的大型学术期刊数据库，共收录有 1994 年至今的国内公开出版的 6 100 余种核心期刊与专业特色期刊的全文，目前已累计全文文献 4 900 万篇，分理工 A、理工 B、理工 C、农业、医药卫生、文史哲、经济政治与法律、教育与社会科学、电子技术与信息科学 9 大专辑，共 126 个专题文献数据库。医药卫生专辑收录生物医学全文期刊 747 种，涵盖基础医学和临床医学各学科。CNKI 中心网站及数据库交换服务中心每日更新。阅读该库电子期刊全文必须使用 CAJViewer 或 Adobe Reader 浏览器，该浏览器可免费下载。

（2）中国期刊全文数据库检索方法

①分类检索：登录 CNKI（http://www.cnki.net）主页后，单击"学术文献总库"进入标准检索界面，如图 6.18 所示。

可选择多个专辑或多个子栏目，然后在此范围内输入检索词或检索式进行检索。

②标准检索：是系统默认的初始界面，能够进行快速方便的查询，适用于不熟悉多条件组合查询的用户，它为用户提供了详细的导航，以及最大范围的选择空间。对于一些简单查询，建议使用该检索系统。该查询的特点是方便快捷，效率高，但查询结果有很大的冗余。如果在检索结果中进行二次检索或配合高级检索则可以提高查准率。在标准检索中不能使用逻辑运算符。

在检索时选取检索范围、检索字段、检索时间、排序方式、是否中英文扩展（用英文查对应的中文内容，中文查对应的英文内容，以扩大检索范围），输入检索词，单击"检索"按钮即可进行检索。在执行完第一次检索操作后，如果觉得检索结果范围较大，用户可以在此基础上多次执行二次检索，以便缩小检索范围，二次检索的逻辑关系为逻辑"与"。

③高级检索:是通过逻辑关系的组合进行的快速查询方式。逻辑关系有"与(且)""或""非"3种。该检索方式的优点是查询结果冗余少,命中率高。通过单击标准检索界面上方的"高级检索"链接进入高级检索界面(图 6.19)。

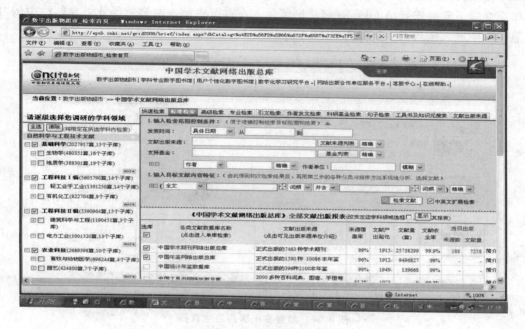

图 6.18　CNKI 标准检索界面

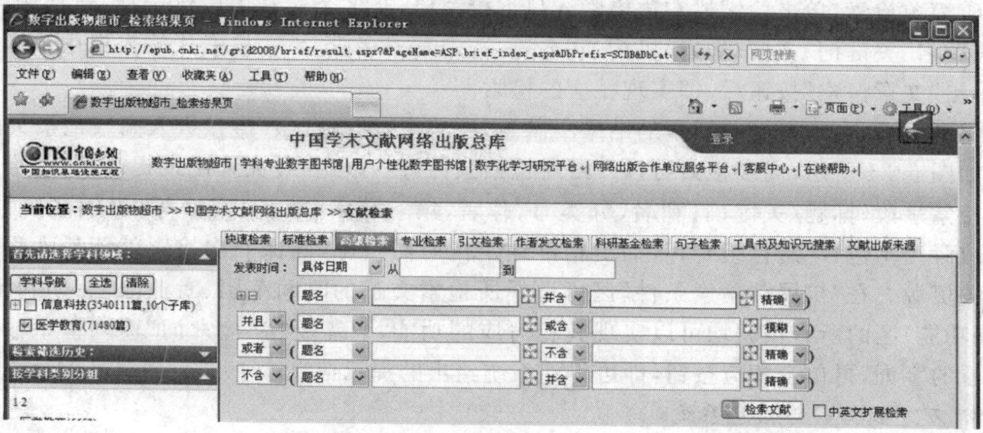

图 6.19　CNKI 高级检索界面

　　检索时选择检索范围、检索时间等,如选择多个词的检索字段,则输入多个检索词,并确定各检索词之间的关系,各个检索词之间的关系有"并含""或含"和"不含"3种。最后单击"检索文献"按钮进行检索。如果需要二次检索,操作方法与标准检索相似。

2. 中文科技期刊全文数据库(VIP)

(1)概述:重庆维普资讯有限公司是一家大型专业化数据公司,目前的主要产品有中文科技期刊数据库、外文科技期刊数据库、中国科技经济新闻数据库和中文科技期刊数据库（引文版）。中文科技期刊数据库（Web 版）(http://www.cqvip.com/)收录了 1989 年以来 8 000余种期刊刊载的 2 000余万篇文献，所有文献按《中国图书馆分类法》进行分类。阅读或打印全文需下载并安装 Adobe Reader 浏览器。在首页中单击左侧学科分类导航栏中的"医药卫生"，则进入医药卫生类专辑（图 6.20）。

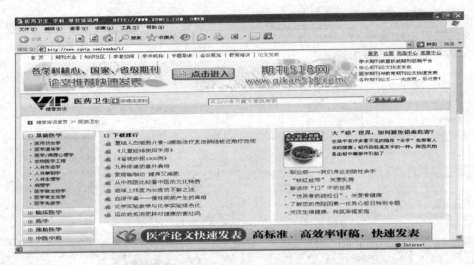

图 6.20　维普资讯医药卫生首页

（2）检索方法

①简单检索：单击检索栏左边检索入口下拉菜单，有多个检索字段供选择，包括题名/关键词、题名、关键词、文摘、作者、机构、刊名等，选定某一字段后，在检索式输入框中输入检索词，单击"文章搜索"按钮后，即实现相应的检索。

②高级检索：如对简单搜索的结果不满意，可单击"高级搜索"链接进入高级检索页面。

如图 6.21 所示，高级检索可以严格对检索条件进行限制，最大程度地提高了"检准率"，各个检索字段（标题/关键词、刊名、分类号、作者、第一作者、机构、文摘等）可用逻辑词"并且""或者""不包含"进行组合，从而更精准地定位所需资源，确保一次检索就能最大程度找到相关资源。在"扩展""检索条件"区可选择所检索文献的时间范围、专业限制、期刊范围。"扩展功能"区的所有按钮均可以实现其相对应的功能，只需要在"检索词"输入框中输入需要查看的字词，再单击相应按钮，即可得到系统给出的提示信息。

3. **万方数据医药信息系统**

（1）**概述**：万方数据资源系统(http://www.wanfangdata.com.cn)是北京万方数据股份有限公司开发的大型网上数据库联机检索系统，整个数据库资源系统分为科技信息系统、数字化期刊、企业服务系统和医药 4 个子系统，其中数字化期刊子系统收集了医药卫生、工业技术、农业科学、基础科学、社会科学、经济财政、教学文艺和哲学政法 8 大类的近 4 000种核心期刊的全文。全文文件为 PDF 格式文件，用 Adobe Reader 打开全文文件后，可以浏览、打印和存盘。在首页左下方单击相关链接"万方数据医药"，或者在浏览器地址栏中输入 http://med.wanfangdata.com.cn ，则可进入万方数据医药信息系统（图 6.22）。

（2）**检索方法**：系统具有基本检索和高级检索功能，检索方法与中国知网（CNKI）和维普

图 6.21　维普"高级检索"界面

图 6.22　万方数据医药信息系统界面

的检索方法基本相似,这里不再多介绍了。

4. 学生上机操作

(1)查找在《中华传染病杂志》上发表的有关病毒性肝炎重叠感染的文献。

(2)查找解放军总医院的叶平作为第一作者发表的文章。

(3)通过 CNKI 查找吴孟超 2001 年发表的文章"原发性肝癌的外科治疗——附5 524例报告"的出处,并通过知网查看这篇文章被引用次数。

(4)查刊名中含有癌症的刊物有哪些? 并查出有关《中国癌症杂志》的简单信息。

知识点 4　　电子图书

电子图书(也称 e-book),是指以数字代码方式将图、文、声、像等信息存储在磁、光、电介质上,通过计算机或类似设备使用,并可复制发行的大众传播体。电子书形式多样,常见的有 TXT 格式、DOC 格式、HTML 格式、CHM 格式、PDF 格式等。这些格式大部分可以利用微软 Windows 操作系统自带的软件打开阅读。PDF 格式则需要使用免费软件 Adobe Reader 来打开阅读。

目前国内有几个重要的、大型的中文电子图书服务系统——超星数字图书馆、中国数图有限公司网上图书馆、书生之家中华图书网和方正 Apabi 数字图书馆等。

上述 4 个中文电子图书系统中,超星数字图书馆(现更名为:超星网)创办最早,它的内容丰富,范围广泛,是目前国内最大的在线图书馆,并且提供大量的免费图书供阅览下载。下面简要介绍超星网(原超星数字图书馆)的使用。

使用 IE 浏览器打开超星网(http://book.chaoxing.com/),下载并安装最新版本的超星阅览器 SSReader,打开超星阅览器,单击"注册"菜单中的"新用户注册"进行注册,然后输入用户名和密码登录,即可开始免费图书的阅览和下载(图 6.23)。

图 6.23　超星网

打开超星阅览器,通过左侧的分类导航栏,可进行分类查找书籍,双击所找到的图书,即可打开图书开始阅览了(图 6.24)。

学生上机操作:在超星图书馆查找免费图书《全国计算机等级考试 一级 MS OFFICE 教程》(2010 年版),利用超星阅览器打开图书后面的附录 1:一级 MS OFFICE 考试大纲(2008 年版),使用文字识别选取工具,将识别选取的文字内容复制下来,并另存为一个 Word 文档。

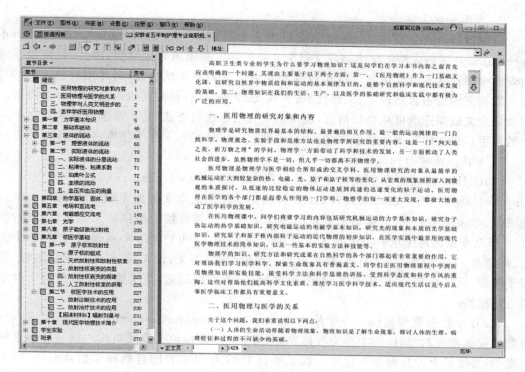

图 6.24　超星阅览器

知识点 5　特种文献数据库

特种文献是指那些出版形式比较特殊的科学技术资料，主要包括：专利文献、会议文献、学位论文、技术标准、科技报告、政府出版物等。特种文献内容广泛新颖，类型复杂多样，有的公开发表，有的内部发行，从多角度多层面反映了当前科学技术的发明创造、发展动向和最新水平，具有特殊的参考价值。

1. 专利文献检索

（1）中国知识产权网（http://www.cnipr.com）：该网站是国家知识产权局知识产权出版社于 1999 年创建的知识产权综合性服务网站，提供"基本检索"和"高级检索"两种检索方式，非会员用户可通过基本检索免费查询该网站的"发明公开""实用新型"和"外观设计"专利的名称和摘要信息，但无法看到专利说明书全文及外观设计图形。会员用户可享受高级检索查询，除可查到专利说明书及外观设计图形之外，还可查询最新公布的中国专利信息及所有中国专利的详细法律状态和主权页，并可下载专利说明书。除专利外，还提供商标、版权的信息查询。

（2）中国专利数据库（http://dbpub.cnki.net/grid20/unis/scpdindex.aspx?dbname=scpdindex）：中国知识基础设施工程（CNKI）的《中国专利全文数据库》收录了 1985 年 9 月以来的 230 余万条专利，包含发明专利、实用新型专利、外观设计专利 3 个子库，准确地反映中国最新的专利发明。专利的内容来源于国家知识产权局知识产权出版社，相关的文献、成果等信息来源于 CNKI 各大数据库。可以通过申请号、申请日、公开号、公开日、专利名称、摘要、分类号、申请人、发明人、地址、专利代理机构、代理人、优先权等检索项进行检索，并下载专利说明书全文。

2. 医学会议文献检索

万方数据资源系统的《中国学术会议论文库》(http://c.wanfangdata.com.cn/conference.aspx)是国内大型的学术会议文献全文数据库。收录国家级学会、协会、研究会等组织召开的全国性学术会议论文。每年涉及 600 余个重要的学术会议,每年增补论文15 000余篇。数据范围覆盖自然科学、工程技术、农林、医学等领域,目前共收录论文 100 多万篇。学术会议全文数据库既可从会议信息,也可从论文信息进行查找,是了解国内学术动态必不可少的帮手。数据库系统提供会议名称、会议地点、会议时间、主办单位等检索途径。

3. 医药卫生学位论文检索

(1)CHKD 博硕士学位论文全文数据库(http://www1.chkd.cnki.net/kns50/navigator_chkd.aspx? ID＝CDMH):《CHKD 博硕士学位论文全文数据库》是目前国内相关资源最完备、收录质量最高、连续动态更新的中国生物医学类博硕士学位论文全文数据库,收录1999 年至今全国博士培养单位的优秀博、硕士学位论文100 000多本,可通过关键词、中文题名、副题名、中文摘要、中文目录、作者姓名、导师、全文、引文、论文级别、学科专业名称、学位授予单位、论文提交日期、英文关键词、英文题名、英文副题名、英文摘要等多种词语检索途径进行检索。

(2)万方数据资源系统——学位论文(http://c.wanfangdata.com.cn/thesis.aspx):万方数据资源系统的《学位论文全文数据库》由国家法定学位论文收藏机构中国科技信息研究所提供,并委托万方数据加工建库。收录了自 1977 年以来我国自然科学领域博士、博士后及硕士研究生论文。《学位论文全文数据库》提供论文题目、论文作者、导师、授予学位单位、分类号、关键词、作者专业等检索途径。

(3)论文资料网(http://www.51paper.net):中文数据库,网站搜集的论文都是有很高学术参考价值的优秀学士、硕士及博士论文,多数未公开发表。

知识点6　生物医学常用的几个网站

中华人民共和国卫生部(http://www.moh.gov.cn)

世界卫生组织(WHO)中文版(http://www.who.int/zh/index.html)

国家科技图书文献中心(NSTL)(http://www.nstl.gov.cn)

好医生网站(http://www.haoyisheng.com)

中国护士论坛(http://bbs.xinhushi.com)

37℃健康网(http://www.37c.com.cn)

三九健康网(http://www.39.net)

6.4.3 学生上机操作

1. 在"中国知网"的《中国优秀硕士学位论文全文数据库》中检索 2000－2005 年天津大学齐二石教授为第一导师指导的硕士论文。

2. 打开其中的几篇硕士学位论文,进行比较后,说一说学位论文一般是由哪几部分组成的?

(程正兴　苏　翔　邓小珍)

本章习题

一、填空题

1. 根据 TCP/IP 协议标准,IP 地址由_____个二进制位表示。

2. CNKI 的中文全称是_____。

3. 在计算机信息检索中,组配检索词和限定检索范围的布尔逻辑运算符包括_____、_____、_____ 3 种。

二、选择题

1. 在网络中,LAN 被称为( )

A. 远程网　　B. 中程网　　C. 近程网　　D. 局域网

2. 下面 4 个 IP 地址中,正确的是( )

A. 202.9.1.12　　B. CX.9.23.01.202　　C. 122.202.345.34　　D. 202.156.33

3. 使用 Windows XP 来连接 Internet,应使用的协议是( )

A. Microsoft　　B. IPX/SPX 兼容协议　　C. Net BEUI　　D. TCP/IP

4. 域名与 IP 地址通过( )服务器相互转换

A. DNS　　B. WWW　　C. Email　　D. FTP

三、操作题

1. 试检索王伟在《中国公共卫生》上发表的论文。

2. 试检索有关阿司匹林对胸部肿瘤的防护作用的文献。

3. 试检索有关肝癌的血清铜、锌含量的测定的文献。

附录 A　二进制与数制转换

一、计算机内部为什么要采用二进制

首先要解释在计算机内部为什么要采用二进制？这主要取决于如下 4 个原因：

1. 电路设计简单　采用二进制，在电子电路中采用电气组件最容易实现，有利于计算机硬件的设计。

2. 运算法则简单　采用二进制，运算法则简单，便于简化硬件的电路结构。

3. 逻辑性强　二进制中只用两个数字符号"0"和"1"，适合逻辑运算。逻辑运算的结果称为逻辑值，逻辑值只有"0"或"1"两个值。这里的"0"或"1"并不是表示大小，而是表示逻辑运算的结果，如"真"或"假""是"或"非"。

4. 运行可靠　在计算机运行中，二进制数"0"或"1"可用于表示两种物理状态，如电压的高或低、脉冲电流的有或无、晶体管的导通或截止等，在数码处理和传输过程中不易出错。

由于二进制数具有在电子线路中容易实现、运算简单、逻辑性强，又有利于计算机硬件电路的设计和运算速度的提高等一系列特点，因此在计算机中一律采用二进制。

二、数制的基数和位权

数制，是指用一组固定的数字和一套统一的法则来表示数目的方法。简略地说，数制就是记数的法则。在生活中人们通常采用十进制，而在计算机内部一律采用二进制。在进位计数制中，表示数值大小的数字符号与它在这个数中所处的位置有关。任何一种数制都要涉及两个基本问题，即基数和各数位的位权。

基数，是指在一种数制中所使用的数字符号的个数（基数简称"基"）。例如，十进制的基数是 10，它用 0、1、2、3、4、5、6、7、8、9 共十个数字符号；二进制的基数是 2，它用 0、1 共两个数字符号。

位权，是指在某一种数制中，一个多位数的每一个数位都有一个特定的权，它表示在这个数位上具有的数值量级的高低（位权简称"权"）。

除了基数和位权，在数制中还涉及一个与基数和位权相联系的重要问题——运算法则。对于 N 进制来说就是"逢 N 进一"，对于十进制就是常说的"逢十进一"。例如，一个十进制整数，它有个、十、百、千、万等不同的数位，反映了各自的"位权"。这就是说，位权决定了这种数制的运算法则，十进制的计算法则必须是：逢十进一，借一当十。

三、几种常用的数制

根据基数的不同，常用的数制有十进制、二进制、八进制、十六进制等。下面就来介绍这几种常用的数制。

1. 十进制　十进制的基数是 10。它用十个数字符号，即 0、1、2、3、4、5、6、7、8、9。十进制的运算规则是"逢十进一，借一当十"。一个十进制整数，可以展开写成若干项 10 的幂与其系数乘积之和。这称为按权展开式。

例如,一个十进制整数 5 678,可以把它按权展开如下式:

$$5\ 678 = 5 \times 10^3 + 6 \times 10^2 + 7 \times 10^1 + 8 \times 10^0$$

2. 二进制　二进制的基数是 2。它用两个数字符号,即 0 和 1。二进制的运算规则是"逢二进一,借一当二"。

例如,一个二进制数 101 101,可以把它按权展开,写成若干个 2 的幂与系数乘积的和。

$$(101101)_2 = 1 \times 2^5 + 0 \times 2^4 + 1 \times 2^3 + 1 \times 2^2 + 0 \times 2^1 + 1 \times 2^0$$

二进制数的运算公式比较简单,加法和乘法各有四个运算公式。

加法:$0+0=0$　　　$0+1=1$　　$1+0=1$　　$1+1=10$

乘法:$0 \times 0=0$　　$0 \times 1=0$　　$1 \times 0=0$　　$1 \times 1=1$

3. 八进制　八进制的基数是 8。它用 8 个数字符号,即 0、1、2、3、4、5、6、7。八进制的运算规则是"逢八进一,借一当八"。八进制是由二进制发展而来的,八进制数实际上是二进制数的缩写形式。

例如,一个八进制数 23456,可以把它按权展开,写成若干个 8 的幂与系数乘积的和。

$$(23456)_8 = 2 \times 8^4 + 3 \times 8^3 + 4 \times 8^2 + 5 \times 8^1 + 6 \times 8^0$$

对于一个二进制数,把它由低位向高位每三位分作一组,每一组代表一个从 0 到 7 之间的数。因为 3 位的二进制数表示的数的范围不会等于或大于 8,也就是说"三位一组"的二进制数正好是"逢八进一"的。

把一个二进制数转换成八进制数则比较简单,这就是"三位一组,逐组转换"。例如,一个二进制数 10111011101,可分为 10,111,011,101 四组,它表示八进制数 2 735。

反之,要把一个八进制数转换成二进制数也比较简单,只要把每一位八进制数用三位二进制数表示即可。例如,把 $(315)_8$ 转换成二进制数,做法如下:

3　　　　　　　1　　　　　　　5

↓　　　　　　　↓　　　　　　　↓

011　　　　　001　　　　　101

即 $(315)_8 = (011001101)_2$

4. 十六进制　十六进制的基数是 16。它用 16 个数字符号,即 0、1、2、3、4、5、6、7、8、9、A、B、C、D、E、F。十六进制的运算规则是"逢十六进一,借一当十六"。

例如,一个十六进制数 5AB6,可以把它按权展开,写成若干个 16 的幂与系数乘积的和。

$$(5AB6)_{16} = 5 \times 16^3 + 10 \times 16^2 + 11 \times 16^1 + 6 \times 16^0$$

十六进制数实际上也是二进制数的缩写形式。一个二进制整数,把它从低位开始向左每四位一组,每组代表一位十六进制数,即"四位一组"的二进制数是"逢十六进一"的。

把一个二进制数转换成十六进制数的方法是"四位一组,逐组转换"。例如,二进制数 10111011011 可分为 101,1101,1011 三组,它表示十六进制数 5DB。

反之,要把一个十六进制数转换成二进制数,只要把每一位十六进制数用四位二进制数表示即可。例如,把 $(2B6)_{16}$ 转换成二进制数,做法如下:

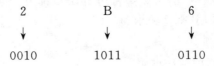

即$(2B6)_{16}=(10\ 1011\ 0110)_2$

十进制、二进制、八进制和十六进制中所用的数字符号及其对应关系,如附表 A-1 所示。

信息技术应用基础

附表 A-1　各种进制所用的数字符号的对应关系

十进制	0	1	2	3	4	5	6	7	8	9	10	11	12	13	14	15
二进制	0	1	10	11	100	101	110	111	1000	1001	1010	1011	1100	1101	1110	1111
八进制	0	1	2	3	4	5	6	7	10	11	12	13	14	15	16	17
十六进制	0	1	2	3	4	5	6	7	8	9	A	B	C	D	E	F

为了区分不同进制的数,通常是在数字后加上一个英文字母以示区别。

十进制数,在数字后加 D(可省略)。例如,5 678D 或 5 678。

二进制数,在数字后加 B。例如,101101B 等同于$(101101)_2$。

八进制数,在数字后加 Q。例如,315Q 等同于$(315)_8$。

十六进制数,在数字后加 H。例如,5AB6H 等同于$(5AB6)_{16}$。

四、不同数制的相互转换

把一个非十进制数转换为十进制数,其方法只有一个,即把这个非十进制数"按权展开乘系数再求和"。把一个十进制数转换为非十进制数,其方法不止一个,通常是在整数的转换中采用"除基取余"的方法,在小数的转换中采用"乘基取整"的方法。在不同数制的相互转换中,关键是掌握好二进制与十进制的相互转换。

1. 二进制数转换成十进制数

方法:按权展开乘系数再求和。

例 1　把二进制数 101011 转换成十进制数。

解:$(101011)_2=1\times2^5+0\times2^4+1\times2^3+0\times2^2+1\times2^1+1\times2^0$

$$=32+0+8+0+2+1$$

$$=43$$

转换后的结果为$(101011)_2=(43)_{10}$

2. 十六进制数转换成十进制数

方法:同上,也是按权展开乘系数再求和。

例 2　把十六进制数 5AB6 转换成十进制数。

解:$(5AB6)_{16}=5\times16^3+10\times16^2+11\times16^1+6\times16^0$

$$=20480+2560+176+6$$

$$=(23222)_{10}$$

转换后的结果为$(5AB6)_{16}=(23222)_{10}$

3. 十进制数转换成二进制数

把十进制数转换成二进制数,需将整数部分和小数部分分别进行转换。整数部分采用"除 2 倒取余"法;小数部分采用"乘 2 正取整"法。

下面举一个整数转换的例子。

例 3　把十进制数 215 转换成二进制数。

解：对被转换的十进制数215，列竖式除以2，做辗转相除，记录每次余数，直到商是0为止。然后以最后一个余数作为二进制数的最高位，第一个余数作为二进制数的最低位。

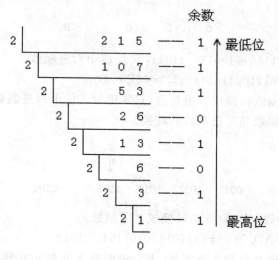

此即常说的"除2倒取余"法。

转换后的结果为：$(215)_{10} = (11010111)_2$

4. 十进制数转换成十六进制数

把十进制数转换成十六进制数，跟十进制数转换成二进制数的方法相同。即整数部分采用"除16倒取余"法。小数部分采用"乘16正取整"法。

例4　将十进制数54 636转换成十六进制数。

解：同上例，对被转换的十进制数54 636，列竖式除以16，做辗转相除，记录每次余数，直到商是0为止。然后以最后一个余数作为十六进制数的最高位，第一个余数作为十六进制数的最低位。

```
                              余数
 16 │ 5  4  6  3  5  ——  B  ↑ 最低位
     16 │ 3  4  1  4  ——  6  │
         16 │ 2  1  3  ——  5  │
             16 │ 1  3  ——  D  │ 最高位
                  0
```

这就是"除16倒取余"法。

转换后的结果为 $(54635)_{10} = (D56B)_{16}$

5. 二进制数和十六进制数的相互转换

由于二进制数在使用中位数太长，存储不方便，所以在计算机中常用十六进制数。

因为16是2的4次方，4位二进制数相当于1位十六进制数，1位十六进制数相当于4位二进制数。根据二进制数和十六进制数的上述对应关系，转换时只要从小数点开始，分别向左、向右每4位二进制划分为1组（不足4位时可补0），然后写出每1组二进制数所对应的1位十六进制数即可。

193

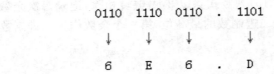

例 5　将二进制数(11011100110.1101)₂转换成十六进制数。

转换后结果为 (11011100110.1101)₂＝(6E6.D)₁₆

反之,若将十六进制数转换成二进制数,只要把每 1 位十六进制数分别用 4 位二进制数表示,即可完成十六进制数和二进制数的转换。

$$3 \quad B \quad A \quad D \quad . \quad 5$$
$$\downarrow \quad \downarrow \quad \downarrow \quad \downarrow \quad \quad \downarrow$$
$$0011 \quad 1011 \quad 1010 \quad 1101 \quad . \quad 0101$$

例 6　将十六进制数(3BAD.5)₁₆转换成二进制数。

转换后结果为 (3BAD.5)₁₆＝(11101110101101.0101)₂

最后指出,对于十进制数和八进制数、十六进制数之间的相互转换,既可以运用上面介绍的方法来转换,也可以通过二进制来实现间接转换:即先把十进制数转换成二进制数,然后再把这个二进制数转换成相应的八进制数或十六进制数。

（张伟建）

附录 B 五笔字型输入法

一、汉字的结构

(一)笔画

我们常说"木子李""立早章"等,说明一个汉字是由一些较小的块拼合而成的,这些小块就称为"字根"。五笔字型认为汉字由字根构成,而字根由笔画构成。汉字有 5 种基本笔画,它们是横(一)、竖(丨)、撇(丿)、捺(丶)、折(乙),这 5 种笔画的代号分别为 1、2、3、4、5。由于汉字不止这 5 个笔画,因此规定:提笔算横(如"现"),左竖钩算竖(如"丁"),点笔为捺,转锋均为折(如乚、く、乛、乚、乛等)。

(二)字根之间的类型

字根在组成汉字时,字根之间的关系有 4 种类型:

1. 单 基本字根本身就单独成为一个汉字。如"口""木""马"等。

2. 散 指构成汉字的基本字根之间可以保持一定的距离。如:"吕""识""汉""照""困"等。

3. 连 指一个基本字根连一单笔画,两者既不分离也不交叉。如"自""产""千"等。

4. 交 指几个基本字根交叉套叠之后构成的汉字。如"果"是由"日木""夷"是由"一弓人"交叉构成的。

(三)汉字的结构类型

根据构成汉字的各字根之间的位置关系,可以把汉字分为 3 种结构类型:

1. 左右型(代号为 1) 一个汉字能很明显地分为左右两部分或左中右 3 部分。如"汉""结""湘"等。

2. 上下型(代号为 2) 一个汉字能很明显地分为上下两部分或上中下 3 部分。如"字""花""意""华"等。

3. 杂合型(代号为 3) 一个汉字的各组成部分之间没有简单明确的左右型或上下型关系。如"团""这""斗""飞""同""天""太"等。各种全包围、半包围结构及字根组成汉字时的"连""交"的关系,都属于杂合型。

二、五笔字型字根的分布

五笔字型约有 200 多个字根,它们分布在除 Z 之外的 25 个字母键上面。这 25 个键分为 5 个区,每个区分为 5 个位,这样每个字母键都有一个区位号,如 F 键的区位号为 12。五笔字型的字根及分布,如附图 B-1 所示。

信息技术应用基础

五笔字型字根表

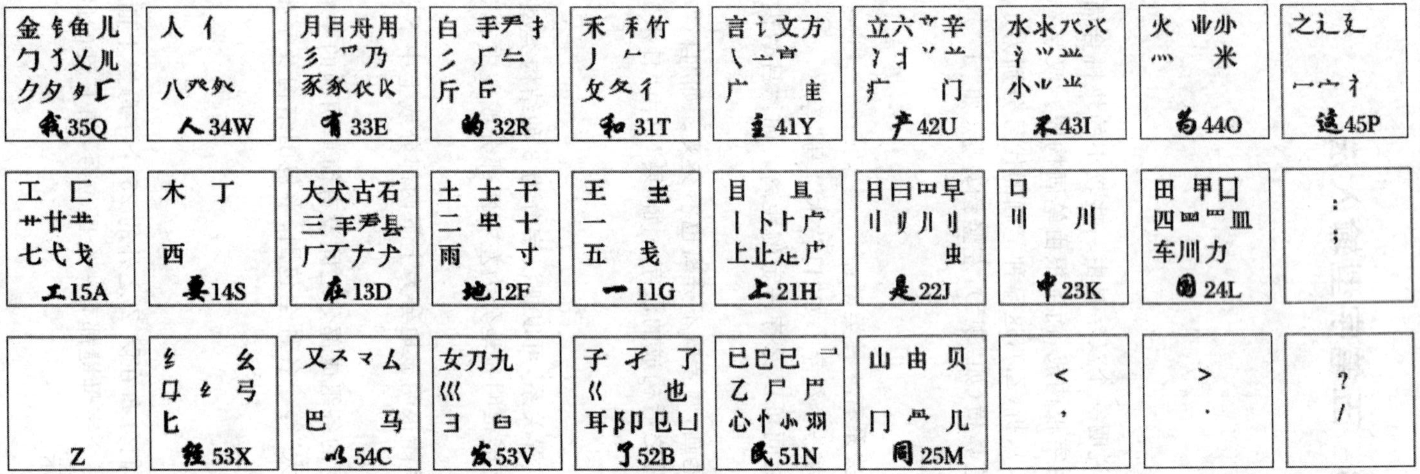

金钅鱼儿 ㄅㄌㄠ夕 ㄉㄅㄠ匚 **鑫 35Q**	人亻 八ㄨ癶 **癶 34W**	月月舟用 彡ㄋ乃 豖豕衣㐆 **有 33E**	白手㐄手 丿广 斤斥 **物 32R**	禾竹 丿丿 女攵彳 **和 31T**	言讠文方 丶ㄴ二 广 **主 41Y**	立六辛丷 丬冫 门疒 **产 42U**	水氺氵冫 灬⺌ 小⺌ **承 43I**	火业⺌ 灬 米 **炒 44O**	之辶廴 宀冖 礻 **道 45P**
工匚 廿艹弋 七戈戈 **工 15A**	木丁 西 **要 14S**	大犬古石 三羊ㄦ 厂ナアナ **春 13D**	土士干 二十 寸雨 **地 12F**	王主 一 五 **一 11G**	目且 卜上⺊ 止止⺊ **上 21H**	日曰早 刂刂刂 虫 **晨 22I**	口川 **中 23K**	田甲口皿 四曲皿 车川力 **曾 24L**	山由贝 几 门艹儿 **同 25M**
		又ㄡㄙ 口 匕 Z	女刀九 《 彐臼巛 **毁 53V**	又ㄥㄙ 巴 马 **戏 54C**	子孑了 也 耳阝卩巳凵 **孓 52B**	已巳己 乙尸尸 心忄小羽 **民 51N**			
				幺纟ㄠ 口 匕 **缨 53X**					

11 王旁青头戋(兼)五一
12 土士二干十寸雨
13 大犬三羊古石厂
14 木丁西
15 工戈草头右框七

21 目具上止卜虎皮
22 日早两竖与虫依
23 口与川，字根稀
24 田甲方框四车力
25 山由贝，下框几

31 禾竹一撇双人立，反文条头共三一
32 白手看头三二斤
33 月彡(衫)乃用家衣底
34 人和八，三四里
35 金勺缺点无尾鱼，犬旁留叉儿一点夕，氏无七(妻)

41 言文方广在四一，高头一捺谁人去
42 立辛两点六门疒
43 水旁兴头小倒立
44 火业头，四点米
45 之宝盖，摘礻(示)衤(衣)

51 已半巳满不出己，左框折尸心和羽
52 子耳了也框向上
53 女刀九臼山朝西
54 又巴马，丢矢矣
55 慈母无心弓和匕，幼无力

附图 B-1 五笔字型字根表

为了方便记忆,五笔字型的发明者王永明编写了"五笔字型字根助记词"。

11 王旁青头戋(兼)五一;

12 土士二干十寸雨;

13 大犬三手(羊)古石厂(指羊字底"手");

14 木丁西;

15 工戈草头右框七(草头指"艹",右框指"匚");

21 目具上止卜虎皮(具指具字的上部);

22 日早两竖与虫依;

23 口与川,字根稀;

24 田甲方框四车力;

25 山由贝,下框几。

31 禾竹一撇双人立,反文条头共三一(双人立指"彳");

32 白手看头三二斤(三二指键位32);

33 月彡(衫)乃用家衣底(家衣底指"豕𧘇");

34 人和八,三四里(三四指键位34);

35 金勺缺点无尾鱼,犬旁留乂儿一点夕,氏无七(妻)(勺缺点指"勹",无尾鱼指"鱼",氏无七指"𠂈")

41 言文方广在四一,高头一捺谁人去(高头指"亠",谁人去指"圭");

42 立辛两点六门疒;

43 水旁兴头小倒立("氵""䒑""兴",小倒立指"⺍");

44 火业头,四点米(业头指"⺍"、四点指"灬");

45 之宝盖,摘礻(示)衤(衣)("礻""衤"摘除右边的点为"衤");

51 已半巳满不出己,左框折尸心和羽(左框指"彐");

52 子耳了也框向上(框向上指"凵");

53 女刀九臼山朝西(山朝西指"彐");

54 又巴马,丢矢矣(丢矢矣指"厶");

55 慈母无心弓和匕,幼无力(慈母无心指"𠃌",幼无力指"幺")。

五笔字型的大多数字根分布具有一定的规律:

①字根的首笔代号与其所在的区号保持一致,并且许多字根的第二笔代号还与其位号保持一致。如"石""之"。

②首笔符合区号,且笔画数目与其外形或位号相符。如"丿""彡""巛""灬"。

③形态相似或渊源一致的字根放在一起。如"辶廴""土士干""耳阝""扌手"。

④少数例外:"力"音"Li",在L键上;"几"的外形与"门"相近;"车"的繁体字"車"与"田甲"形似。

三、合体字的拆分

各键位左上角的第一个字根,称键名。按照区位号的顺序,依次为:"王土大木工,目日口田山,禾白月人金,言立水火之,已子女又彡"。除"彡"外,其余的24个键名字根均是汉字。

字根总表中,除键名字根以外,还有一部分字根也是汉字,这些字根称之为成字字根。

除键名字根和成字字根以外的汉字,我们称之为合体字。

键名字和成字本身就是字根,不需要拆分字根,而合体字就需要将它分解成为基本字根。拆分的原则概括为:

能散不连,能连不交,兼顾直观,取大优先。

"能散不连,能连不交"的意思是能够按散的关系分解就不要按连的关系分解,能够按连的关系分解就不要按交的关系分解。如"午",分解为"⺈ 十"是散的关系,而不能按交的关系"⺧ 丨"拆分;"于"可按连的关系拆成"一 十",就不要按"二 丨"相交的关系拆分。

"兼顾直观"的意思是在拆字时要按照汉字的书写顺序进行拆分,要讲究直观、易于理解。如"夷"字要拆成"一弓人",而不能拆成"大弓";"羊"字拆成"⿱丷手"比拆成"⺷二丨"要直观。

"取大优先",指的是在各种可能的拆法中,保证按书写顺序每次都拆出尽可能大的字根。如"尺"应拆成"尸乀"而不能拆成"⼸人";"牛"应拆成"⺧ 丨"而不能拆成"⺈十"。

四、单字的编码

(一)键名字的编码

将所在键连击四次即可。如"土"的编码为 FFFF,"木"的编码为 SSSS,"金"的编码为 QQQQ。

(二)成字的编码

成字的输入方法是:报户口+首笔画+次笔画+末笔画,不足四码补空格键。所谓报户口,就是字根所在的键名。

例如:

士　键入　FGHG　　　　用　键入　ETNH
甲　键入　LHNH　　　　丁　键入　SGH-　　(-代表空格键)

(三)合体字的编码

合体字的编码方法是:依书写顺序,取第一、二、三、末字根编码。

例如:

给　键入　XWGK　　　　副　输入　GKLJ
逾　键入　WGJP　　　　编　输入　XYNA

如不足四码,则补末笔字型交叉识别码;如仍不足四码,则补空格键。末笔字型交叉识别码是一个键位,其区号是最末一个笔画的代号(横为1、竖为2、撇为3、捺为4、折为5),其位号是字型的代号(左右型为1、上下型为2、杂合型为3)。如"只"的识别码为42U,其编码为 KWU-,"叭"的识别码为41Y,其编码为 KWY-;"咒"的识别码为52B,其编码为 JVB-,"咠"的识别码为12F,其编码为 VJF-,"旭"的识别码为13D,其编码为 VJD-。特别注意:①当"力、刀、九、匕"参加识别时,一律用"折"笔当作末笔;②"进、远"等带"走之"的字,一律用"走之"里边的末笔作"末笔"识别,如"进"的识别码为23D,而不是43I;③"我、戈、成"等字的"末笔",遵从"从上到下"的原则,撇"丿"应为末笔;④"义、太、勺"等字中的"单独点",均被认为与附近字根相连,为杂合型。

(四)简码

为了提高输入的速度,五笔字型提供简码输入,简码分为一级简码、二级简码和三级简码。

1. **一级简码** 一级简码共有 25 个字,这些字是使用频率最高的汉字,它们是:"一地在要工,上是中国同,和的有人我,主产不为这,民了发以经。"五笔字型将这 25 个字依次分布在 25 个字母键上(附图 B-1),每个字在输入时只要输入所在的键位再加一个空格键即可。如"地"(F-)、"有"(E-)、"发"(V-)、"经"(X-)等。

2. **二级简码** 二级简码有近 600 个,选用最常用的汉字,编码只用单字输入时的完整编码(称为全码)的前两码,再加一个空格键结束。如:"五"(GG-)、"玉"(GY-)、"生"(TG-)、"作"(WT-)等。二级简码不需要记忆,当我们输入汉字的前两码时,二级简码字会自动出现在提示行里,一看便知。

3. **三级简码** 三级简码共有 4 400 多个,编码只用全码的前三码,再加一个空格键结束。如"温"(IJL-)、"腺"(ERI-)、"五"(GGH-)、"输"(LWG-)等。

实际上大多数常用的汉字都可用简码进行输入,这就减少了识别码的使用。

五、词组的编码

五笔字型输入法中,单字和词语可以混合输入,不用换档或其他附加操作,即"字词兼容"。不管词组的长短,一律取四码。其编码方法如下。

(一)二字词

每字取其全码的前两码,共四码。

例如:经济(XCIY)、表格(GEST)、操作(RKWT)、人民(WWNA)、南方(FMYY)。

(二)三字词

前两字各取其全码的前一码,最后一字取全码的前两码,共四码。

例如:解放军(QYPL)、大部分(DUWV)、计算机(YTSM)、基金会(AQWF)。

(三)四字词

每字取其全码的前一码,共四码。

例如:科学技术(TIRS)、程序设计(TYYY)、花言巧语(AYAY)、一分为二(GWYF)。

(四)多字词

取第一、二、三、末字的全码的前一码,共四码。

例如:中国共产党(KLAI)、理论联系实际(GYBB)、中华人民共和国(KWWL)。

(程正兴)